U0352424

上保护层开采效果
分析与工程应用

Analysis of Effect of Upper Protective Layer Mining
and Its Engineering Application

施峰 著

北　京
冶　金　工　业　出　版　社
2023

内 容 提 要

本书共 6 章，通过将试验分析方法与数值模拟、物理相似模拟方法相结合，定量地分析了突出煤层群上保护层开采过程中主要保护效果指标与主要影响因素之间的关系，以及在被保护煤层中掘进煤层巷道时的瓦斯固气耦合瓦斯涌出问题，对于上保护层开采工程实践具有指导作用。

本书可供从事煤炭开采领域的生产技术人员及相关研究人员学习借鉴，也可供高等院校采矿工程专业师生参考。

图书在版编目(CIP)数据

上保护层开采效果分析与工程应用／施峰著．—北京：冶金工业出版社，2023.6

ISBN 978-7-5024-9581-7

Ⅰ.①上… Ⅱ.①施… Ⅲ.①煤层—地下采煤—研究 Ⅳ.①TD823.2

中国国家版本馆 CIP 数据核字(2023)第 134757 号

上保护层开采效果分析与工程应用

出版发行	冶金工业出版社	**电 话**	(010)64027926
地 址	北京市东城区嵩祝院北巷 39 号	**邮 编**	100009
网 址	www.mip1953.com	**电子信箱**	service@ mip1953.com

责任编辑 李培禄 卢 蕊 美术编辑 吕欣童 版式设计 郑小利
责任校对 郑 娟 责任印制 禹 蕊
北京印刷集团有限责任公司印刷
2023 年 6 月第 1 版，2023 年 6 月第 1 次印刷
710mm×1000mm 1/16；9.75 印张；185 千字；139 页
定价 65.00 元

投稿电话 (010)64027932 投稿信箱 tougao@ cnmip. com. cn
营销中心电话 (010)64044283
冶金工业出版社天猫旗舰店 yjgycbs. tmall. com
(本书如有印装质量问题，本社营销中心负责退换)

前　言

在突出煤层群开采中，保护层开采是目前防治煤与瓦斯突出最有效的区域措施，其保护效果确定一直是保护层开采研究的关键问题。由于保护层开采的保护效果影响因素多、影响规律复杂，目前大部分研究工作都集中在特定条件和特定因素方面的突出煤层群保护层开采问题，而各因素对突出煤层群保护层开采保护效果的影响规律尚缺少系统研究。为系统研究保护层层间距对上保护层开采保护效果的影响规律，本书采用响应面模型结合数值计算的方法，分析了煤层间距、煤层埋深、构造应力、保护层厚度、煤层倾角等因素对上保护层开采保护效果影响的敏感程度，确定了对保护效果影响显著的煤层间距这一因素为研究对象；采用物理相似模拟的研究方法，进一步研究了其他因素不变、不同层间距条件下被保护层的卸压分布规律、保护范围随煤层的层间距的变化规律；从突出煤层群保护层开采被保护层内煤巷掘进瓦斯涌出控制的角度，研究了突出煤层群保护层开采被保护层残余瓦斯压力与被保护层内煤巷掘进瓦斯涌出之间的关系；最后结合南桐矿区东林煤矿的现场考察，开展了突出煤层群上保护层开采保护范围划定方法的对比分析研究。

本书介绍的主要研究成果有：

（1）针对突出煤层群保护层开采保护效果评价指标较多和保护层开采保护效果指标受多因素影响的复杂问题，采用响应面试验方法，建立了突出煤层群上保护层开采保护效果的二次多项式响应面模型；在此基础上，进行了煤层埋深、侧压系数、保护层厚度、煤层间距、煤层倾角等多因素对突出煤层群上保护层开采保护效果影响的量化对比分析研究，从量化上明确了煤层间距是影响突出煤层群保护层开采保护效果最敏感的因素，研究结果表明：突出煤层群上保护层开采倾向保护范围长度、上部卸压角和下部卸压角均受层间距变化影响最敏感。

（2）根据不同层间距的突出煤层群上保护层开采物理相似模拟实验分析，确定了不同层间距条件下突出煤层群被保护层的卸压分布规律和保护范围随煤层层间距的变化规律；研究表明：不同层间距上保护层开采的保护范围均小于《防治煤与瓦斯突出规定》中按煤层倾角得到的保护范围，且随着层间距的增加保护范围呈加速减小趋势；突出煤层群不同层间距被保护层卸压曲线均呈"凸形"，随突出煤层群层间距增加，被保护层小于原岩应力的卸压范围与"凸形"顶部卸压曲线顶部较大卸压的范围均呈减小趋势；对于倾斜煤层群，"凸形"中心线偏向下山方向。随着煤层间距增加，卸压范围中心位置向下山方向转移。

（3）在煤层群保护层开采基础上，从传统二维煤巷瓦斯涌出量计算方法中引入固气耦合模型，提出了基于固气耦合和被保护层煤巷断面瓦斯涌出量时间积分的煤壁瓦斯涌出计算方法，为煤层群保护层开采被保护层煤巷瓦斯涌出预测和超限控制奠定了理论基础；研究结果表明，被保护层煤巷掘进速度恒定时，煤壁瓦斯涌出量随时间和掘进距离逐渐增大，但增幅不断减小，且煤壁瓦斯涌出量呈单调增加的指数衰减多项式（exponential decay polynomial）变化规律；间断式掘进循环的煤壁瓦斯涌出量呈锯齿状增加，总体趋势与恒速掘进相同；随时间增加，不同掘进循环瓦斯涌出总量差异趋于稳定；长时间掘进时，掘进循环内瓦斯涌出量波动对瓦斯涌出总量的影响可忽略。

（4）开展煤层群上保护层开采被保护层残余瓦斯压力对煤巷掘进瓦斯涌出影响的研究，确定了考虑被保护煤层残余瓦斯压力、煤巷掘进速度及掘进时间的临界曲面，提出了综合临界残余瓦斯压力的概念；利用被保护层煤巷掘进条件（工艺）参数与该临界曲面的相对位置，确定了被保护层掘进煤巷内瓦斯浓度水平；同时，按被保护层煤巷掘进瓦斯涌出超限控制的要求，能限定被保护层卸压抽采残余瓦斯压力值；在掘进速度和通风能力一定条件下，为保证被保护层煤巷掘进瓦斯浓度保持在规定范围内，提出了既能保证被保护层区域防突临界瓦斯压力（0.74MPa）不超标又能达到被保护层煤巷掘进瓦斯涌出不超标（CH_4 含量小于1%）的综合临界残余瓦斯压力确定的方法，对确保煤层群被保护层安全开采从本质上解决瓦斯灾害防治问题具有指导作用。

　　在本书编写过程中，特别感谢我的导师王宏图教授。王老师在学术上倾囊相授、言传身教，在生活上关怀备至令我终生难忘。从师多年，我不仅学到了扎实的专业知识，还学到了为人处世的道理。本书的现场考察研究部分得到了南桐矿业有限责任公司的支持与协助，在此一并感谢。本书的出版得到贵州工程应用技术学院学科建设项目（毕节市矿井水害防治人才团队建设)、矿业工程校级一流学科的支持。

　　由于作者时间和水平所限，书中难免有不妥之处，恳请广大读者批评指正。

施　峰

2023 年 5 月

Preface

Protective coal seam mining is the most effective approach for regional coal and gas outburst treatment and the determination of its effect is the key of related study. Due to large amount of factors and their complexity of way to influence the effect of protective coal seam mining, most related studies mainly focus on one particular minig condition. To investigate the effect of coal seam distance on the protective mining effect systematically, numerical simulations were taken according to experiment design of Respond Surface Method (RSM), which invovled factors of burial depth, tectonic stress, thickness of protective seam, distance between seams and dip angle of seams. The sensitivities of these factors were obtained from RSM finally. Comparison of each sensitivities revealed the great influence of coal seam distance and further study by similar simulation method would be taken both for this reason and for verification of entailed numerical calculation. By variation of the distance between seams, changing law of stress relief and protected range of the protected layer was obtained. For the control of the gas emission rate of tunneling in the protected zone, the relation between the residual gas pressure of protected zone and gas emission rate of tunneling in the protected zone was studied. The relation between residual gas pressure of protected layer after protective seam mining and gas emission when tunneling in the protected layer, based on the view of control of gas emission when tunneling by protective seam mining. Finally, based on upper protective seam mining engineering of Dongling coal mining in Nantong mining district , different methods to determinate the protected range were compared and analyzed. This paper comes to main conclusions as follows:

(1) To solve the problem caused by large number of mining condition parameters and indexes of protection effect, response surface model for effect of upper protective seam mining based on quadratic polynomial was built. By which, influence of various mining conditions were quantified and compared. It was found the coal seam distance be the most influential factor for the effect of protective seam mining. The length of protected rang and upper and lower stress relief angle are most sensitive to the coal seam distance.

(2) By analysis of similar simulation test of different layer distance, the change law of stress relief and protected range of protected seam were obtained. The result show that the protected range accelerate decrease with coal seam distance and is smaller than given in state law of the same coal seam distance. The stress relief curve of the protected seam holds convex shape, whose center axis is biased to the lower direction. Both the length of stress relief range and the intensive stress relief range denoted by top part of curve show decreasing tendency. As for the inclination condition, both cantorial axes move to lower direction with increasing seam distance, while the latter one moves faster.

(3) In the context of protection seam mining, calculation method of gas emission flux combining solid gas coupling FEA model of cross section and time integration method was built, which serves the prediction and control of gas emission flux. The relation of gas emission flux of continuous tunneling with constant speed to distance and time obtained by numerical calculation is well fitted by exponent decay polynomials. Discontinuous extraction holds zigzag shape but similar overall gas flux trend and the flux difference tends to be constant when tunneling time is large enough.

(4) Through study of influence of residual gas pressure of protected layer on gas emission flux of tunneling in the protected zone, the critical surface representative of relation of residual gas pressure, tunneling speed and tunneling time was obtained as well as the critical residual gas pressure. The

critical residual gas pressure is not only accounted for prevention of coal and gas outburst but also for gas emission control of tunneling in the protected seam. The level of gas concentration in roadway can be determined by analysis of the distance of point representative of certain tunneling condition to the critical surface. By the critical surface of certain tunneling condition, the method of determinate the critical residual gas pressure was presented, which is smaller than 0.74MPa for prevention of gas outburst and ensures the gas concentration when tunneling within safety level (1%). This approach provides a new view for the protective seam mining application and guidance for treatment of gas problem in the coal mine.

Shi Feng

May 2023

目　　录

1 绪　　论

1.1　研究背景及意义

1.1.1　研究背景

煤炭在全球范围内作为主要化石能源广泛开采，仍然占据全球能源消费结构的 28% 左右[1]。中国是全球煤炭生产和消费最大的国家，煤炭在中国能源结构中占据重要的地位。图 1-1 为 2006~2016 年来中国能源结构变化趋势图。从图中可知尽管煤炭在我国能源消费中的比重逐年减小，但截至 2016 年，我国煤炭生产量为 24.1 亿吨，占全国能源生产总量的 62.0%；煤炭消费量为 37.9 亿吨，占全国消费能源总量的比重依然高达 69.6%，远高于煤炭占全球能源消费比重[2]。由于我国煤炭资源埋藏深度普遍较深，除少量大型露天矿山外，煤炭开采主要采用井工开采方式，地下开采量占煤炭开采总量的约 90%[3]。可以预见，在未来相当长一段时间内煤炭作为我国主体供给能源的地位不可动摇。且随着浅部资源的逐渐耗尽，煤炭开采将越来越多地转入地下井工开采。煤炭资源的地下井工开

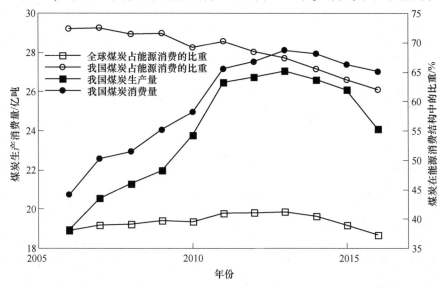

图 1-1　我国能源结构变化趋势图

采常常受到瓦斯灾害、顶板灾害、粉尘灾害、水害和火灾等五大灾害的严重威胁[4]。其中，矿井瓦斯灾害是导致煤矿大量人员伤亡和设备损坏的最严重的灾害之一。

瓦斯，即煤层气，主要成分是 CH_4，具有较强的可燃可爆性，是煤矿瓦斯灾害的主要构成物质之一，同时也是一种具有较高开发潜力的非常规天然气资源。我国煤炭资源丰富且煤层气储集性好，煤层气资源丰富。2015 年资源评价数据显示我国浅煤层气资源 30.05 万亿立方米，位居世界第三[5]。2016 年，煤层气已被列入我国战略性能矿资源目录[6]。但我国煤层渗透率普遍较低，煤层渗透率相比美国普遍低 2~3 个数量级。煤层气难采难抽，导致煤层气的开发价值下降，丰富的煤层气资源变成了煤炭开采过程中普遍存在的危险源。

矿井瓦斯灾害有多种表现形式，煤与瓦斯突出是其中对井下人员安全最具威胁的一种瓦斯灾害。我国煤与瓦斯突出灾害严重，全国 44% 的煤矿为煤与瓦斯突出矿井，国有重点煤矿中该比例高达 72%。表 1-1 是近几年我国煤矿瓦斯事故死亡统计[7-8]。从表 1-1 中可知，近年来煤矿死亡事故数、遇难人数及煤矿瓦斯事故数、遇难人数均总体呈下降趋势，其主要原因包括：国家产能结构调整、国家对煤矿安全的投入、煤矿安全管理及安全技术水平的提高等[9-10]。但从表中也可看出，瓦斯事故在煤矿死亡事故总数中所占比例及瓦斯事故死亡人数在煤矿死亡总人数中所占比例不降反升。这说明在煤矿安全总体形势向好的情况下瓦斯治理工作的重要性更加突出。

表 1-1　2011~2015 年我国煤矿瓦斯事故死亡统计表

年份	2011	2012	2013	2014	2015
瓦斯致死人数/人	533	350	348	266	177
瓦斯事故死亡人数占比/%	27.01	25.29	32.61	28.57	28.60
瓦斯事故数/次	119	72	59	47	45
瓦斯事故占比/%	1.58	9.24	9.77	9.02	12.75

表 1-2 给出了近年来煤与瓦斯突出事故数及死亡人数变化趋势[11]。从表中可知近年来我国煤矿瓦斯突出事件大幅下降，安全形势得到好转。但通过对每起瓦斯致死事故的死亡人数与瓦斯突出死亡人数的对比，每起瓦斯突出事故死亡人数始终保持较高的水平（图 1-2）。这是由于瓦斯突出事故的群死群伤的特点决定的[12]；瓦斯突出死亡人数大于瓦斯致死事故的平均每起致死人数，且该特点随时间基本不变，因此瓦斯突出事故仍然是瓦斯灾害治理的重点。

表 1-2 2011~2016 年我国煤矿瓦斯突出事故死亡统计表

年份	2011	2012	2013	2014	2015	2016
突出事故数/次	22	12	12	7	2	3
突出事故死亡人数/人	181	84	99	49	7	28

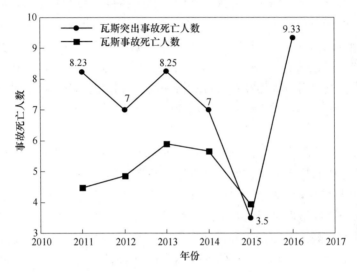

图 1-2 每起瓦斯事故死亡人数变化趋势图

煤与瓦斯突出事故是煤矿井下一种作用机理极其复杂的动力现象[13]，自我国第一次有记载的突出事故以来[14]，近 70 年间已发生了数万次该类事故[12]。目前虽然已基本掌握了突出发生的原理、条件和过程，但对该现象背后的机理仍处于定性解释和近似计算的假说阶段[15]。其中综合作用假说认为煤与瓦斯突出是地应力、煤中的瓦斯以及煤的结构力学性质综合作用的结果，得到了广泛认同。随着我国浅部相对安全易采的煤炭资源逐渐采尽，采矿活动正以每年 10~25m 的速度逐渐向深部发展[14]。由于深部煤层赋存条件、瓦斯赋存条件、煤岩体的物理力学性质等煤与瓦斯突出影响因素均发生显著改变，煤矿瓦斯灾害治理也将面临着高地应力、高瓦斯压力和低透气性等新的问题[16-17]。

1.1.2 研究目的及意义

保护层开采是煤与瓦斯突出区域防治措施之一，基本原理是煤层的卸压消突作用：在保护层开采后，被保护层在卸压作用下向保护层工作面采空区膨胀变形，被保护层孔隙率、渗透率增大，煤层瓦斯由吸附态解吸为游离态，并经由采动引起的层间裂隙或卸压抽采钻孔排出。这一过程极其复杂，受煤层间距、煤层倾角、地应力等煤层群赋存条件的影响，并决定了保护层开采的消突效果。

随着煤矿开采向深部发展，煤与瓦斯突出频率及危害程度均大幅增加，保护层开采逐渐成为深部煤矿煤与瓦斯突出治理的重要手段。《防治煤与瓦斯突出规定》是我国煤与瓦斯突出灾害治理的主要指导文件，其中保护层开采措施的相关规定主要是基于苏联的经验，对于浅部煤与瓦斯突出煤矿的保护层开采保护范围的划定较为安全合理。但研究发现，在深部开采条件下，《防治煤与瓦斯突出规定》所确定的保护范围与工程实际存在一定的出入：在煤炭开采进入深部后，已出现在按《防治煤与瓦斯突出规定》划定的保护范围内出现动力现象的情况[18]。因此，为使保护层开采适应向深部发展的采矿趋势，有必要进行煤层倾角、层间距、地应力等煤层赋存条件对保护层开采效果影响的系统研究。但由于研究工作量巨大，故本书主要对不同层间距对保护层开采保护效果变化规律进行系统研究。

保护层开采消除煤层突出危险性的基本原理是煤层的采动卸压作用。保护层的采动卸压作用同样有益于被保护层内保护范围扩界、巷道支护、巷道掘进等工艺[19-22]，而目前对保护层开采对此类被保护层内作业工艺影响的研究相对较少。一般来说，最先在被保护层内施工的是石门揭煤后的两条回采巷道。《防治煤与瓦斯突出规定》规定两条回采巷道需要布置在被保护层的消突范围内，同时需保证回采巷道沿倾向两侧具有一定的安全煤柱。《防治煤与瓦斯突出规定》从消除煤与瓦斯突出危险的角度指出，保护层开采工程被保护层瓦斯压力降至残余瓦斯参数规定值以下（即残余瓦斯压力小于 0.74MPa 或残余瓦斯含量小于 $8m^3/t$）的区域是安全的，未进一步考虑被保护层内煤巷掘进瓦斯涌出治理的安全性。从工程实际应用的角度出发，保护层开采不仅要消除煤层的突出危险性，同时还必须保证在掘进速度一定、通风风量一定的条件下，掘进过程中不会出现瓦斯集聚超限，才能从根本上预防被保护层瓦斯事故的发生。但目前未发现对保护层开采卸压影响下被保护层掘进巷道瓦斯涌出量的系统研究。因此，本书将系统深入研究在保护层开采卸压作用影响下被保护层内回采巷道掘进瓦斯涌出超限问题，确定此类回采巷道在掘进过程中影响瓦斯涌出的主要因素并给出控制因素的临界值，从根本上解决被保护层开采的瓦斯事故问题。

1.2　保护层开采国内外研究现状

自 1933 年法国最先采用开采保护层作为预防煤与瓦斯突出的措施以来，已经在存在煤与瓦斯突出灾害的国家普遍得到应用，如中国、苏联、波兰、德国等。我国自 1958 年首次进行了保护层保护防治煤与瓦斯突出试验以来，在全国主要煤与瓦斯突出矿区均进行了该项区域性防治煤与瓦斯突出措施的推广，取得了显著的效果[23]。

我国的煤与瓦斯突出综合治理理念是一个不断发展的过程。通过不断总结经验、教训，并引入新的防突及预测技术装备，我国逐渐形成了以《防治煤与瓦斯突出规定》为代表的适应国情的煤与瓦斯突出综合治理体系[24]。

我国煤与瓦斯突出治理措施按治理时空关系分为局部综合防突措施与区域综合防突措施。局部防突措施的对象是具有煤与瓦斯突出危险性煤层的采掘工作面，其作业区域应已经区域验证无突出危险性。在突出煤层进行采掘前需要采取区域防突措施，消除较大范围突出煤层的突出危险性，从而使不安全区域转变为安全区域。《防治煤与瓦斯突出规定》中指出防突工作坚持区域防突措施先行、局部防突措施补充的原则。区域防突措施的实施是煤与瓦斯突出综合治理体系的关键[24]。

区域防突措施主要包括保护层开采和区域预抽瓦斯两种，其中保护层开采是迄今为止最为经济有效的区域瓦斯防治措施，有保护层开采条件的矿井一般优先选择保护层开采作为区域防突措施。保护层开采是指在开采具有煤和瓦斯突出的煤层群，首先开采无突出危险或突出危险性较小的煤层以提高被保护层透气性，同时结合穿层抽采被保护层瓦斯的方式，消除被保护层被保护区域内突出危险性。先开采的煤层为保护层，受益于保护层开采措施，被消除突出危险的煤层被称为被保护层。按保护层与被保护层的上下关系，保护层在上称为上保护层开采，反之称为下保护层开采。

保护层开采的防突机理如图 1-3 所示。保护层的开采为围岩的卸压变形提供了空间，卸压作用通过围岩传递至被保护层，被保护层的卸压膨胀作用消除了煤层的突出潜力、提高了煤层的透气性，从而使用瓦斯易于流出，并且围岩的变形破坏为瓦斯的运移提供了通道。在此过程中被保护层的消突效果受多种因素影响，国内外学者针对此开展了广泛而深入的研究[23,25]。

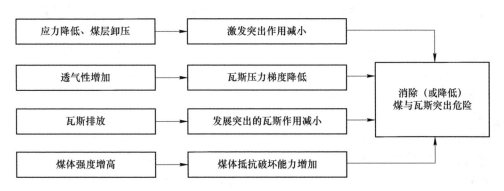

图 1-3 保护层开采防突机理示意图

1.2.1　保护层开采围岩变形破坏规律的研究

原始平衡状态的围岩受采掘活动影响发生变形破坏、应力重新分布。大多数情况下该过程对采矿产生不利影响，如破坏围岩稳定性，引发地表深陷、工作面及巷道支持困难、引发突水事故等。事物总是存在两面性，在进行保护层开采时，正是利用采掘活动引起的地应力重新分布、围岩移动变形破坏现象来达到防治煤层突出的目标。掌握保护层开采时围岩变形破坏规律对保护层开采意义重大。

围岩的变形破坏从多种角度对采掘活动造成影响，是采矿学科的基础性问题，学者们在多方面对围岩的变形破坏进行研究，积累了丰富的研究成果[26-27]。围岩变形破坏的研究方法主要包括理论研究、实验室研究和现场监测。以下着重从保护层开采的角度综述围岩变形破坏的研究现状。

1.2.1.1　结构模型研究现状

岩体结构力学模型研究是围岩变形破坏理论研究的重要方向之一。由于采矿过程中岩层在原岩应力及采动工程应力作用下移动变形过程的复杂性，学者们提出多种不同的矿山压力假说。最早的采场矿山压力假说应推德国人哈克（Hack）与吉里策尔（Gillitzer）提出的"压力拱"假说（1928）和德国人施托克（Stoke）提出的"悬臂梁"假说（1916）。这两种假说对于特定的开采条件和采矿方法均给出了较为合理的解释。

随着采矿技术的发展和采场上覆岩层运动的测试及顶板支护技术的发展，学者们对新开采技术条件下的覆岩移动提出了更加合理的假说，其中以苏联库兹涅佐夫的"铰接岩块"假说（1954）和比利时学者拉巴斯于 20 世纪 50 年代初提出的"预成裂隙"假说影响最广。我国学者通过大量生产实践及岩层移动变形现场观测，对这两种假说进行发展，提出了"砌体梁理论"和"传递岩梁理论"[28-29]。经过大量工程实践的验证，目前"砌体梁理论"和"传递岩梁理论"已成为中国煤矿生产中最具影响力的矿山压力假说，其结构力学关系如图 1-4 和图1-5 所示。图 1-4 中，A 为煤壁支撑区，B 为离层区；C 为重新压实区。

煤炭形成于沉积地层中，其围岩主要是层状岩层。层状岩层有硬有软，其中坚硬岩层是承载上覆岩层变形的主体。"砌体梁"理论[30-31]认为坚硬岩层在破坏前可视为板或梁，随着采空区的扩大，坚硬岩层将破坏形成砌块结构。在工作面不断推进过程中，该结构作为围岩运动的骨架，是采场围岩整体结构的主体，并起到部分承载作用。离采场工作面最近的两个砌块为砌体梁结构中的关键块体，形成类似于三铰拱的结构，决定着砌体梁结构的稳定性，其稳定性可用"S-R"稳定理论进行分析[32]。

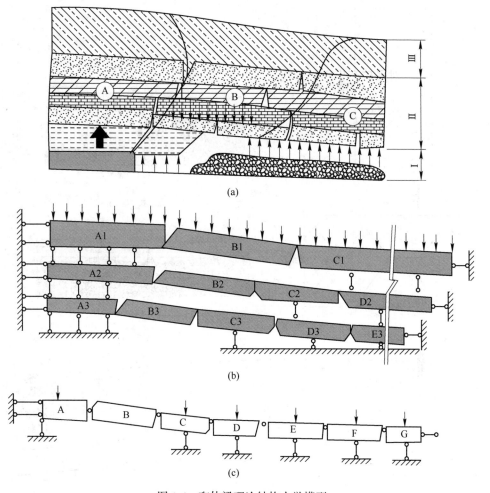

图 1-4　砌体梁理论结构力学模型

(a) 回采工作面前后岩体形态；(b) 推测的岩体结构形态；(c) 任一构件的受力状态

"传递岩梁"假说结构力学模型如图 1-5 所示。该假说基于老顶传递力的概念，认为断裂岩块间的相互咬合使得作用力始终能向煤壁前方及采空区矸石上传递，因此，岩梁运动时的作用力无需由支架全部承担，支架所受支撑压力值由其运动控制要求决定[24]。

以上两种假说主要在矿山压力显现及矿山压力控制方面得到了广泛应用，绿色采矿技术体系的提出，使基于"砌体梁"理论进一步提出的关键层理论在保护层开采、保水开采、地表沉陷控制等领域得到了更广泛的应用。

在采动岩体中，某些坚硬厚岩层对岩体活动全部或局部起控制作用的岩层称为关键层。判别关键层的主要依据是其变形和破断特征，即在关键层破断时，其上部全部岩层或局部岩层的下沉变形是相互协调一致的，前者称为岩层活动的主

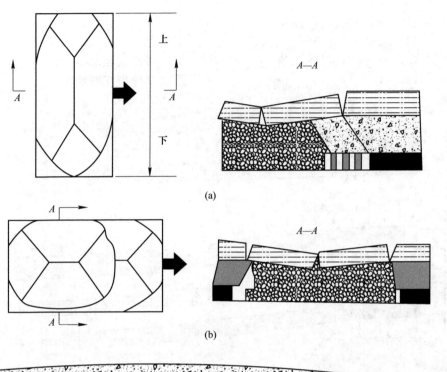

(a)

(b)

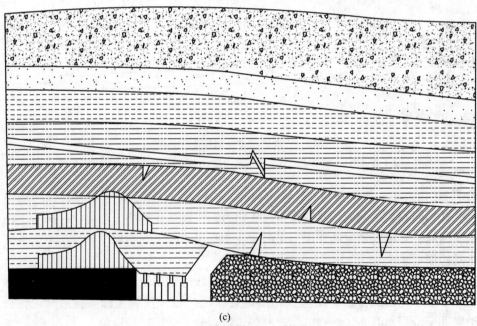

(c)

图 1-5　传递岩梁结构及模型

（a）工作面长度大于推进距时的破坏形态；（b）工作面长度小于推进距时的破坏形态；

（c）工作面前方压力分布

关键层，后者称为亚关键层。即关键层的断裂将导致全部或相当部分的岩层产生整体运动[25]。

围岩移动变形是保护层开采研究的重要课题，关键层理论在保护层开采体系的围岩变形破坏、被保护层渗透率变化、保护层开采穿层瓦斯抽采等方面具有指导意义[33-34]。涂敏等[35]通过数值计算，以被保护层应力及透气性系数的变化为主要评价指标，研究了保护层与被保护层间关键层的存在对下保护层开采保护效果的影响。王宏图等[36]针对急倾斜下保护层开采条件，通过理论计算、数值计算得到了相同的急倾斜煤层群中关键层位置及破断距。研究表明关键层破断对急倾斜保护层开采瓦斯运移有明显的影响。由于采空区冒落矸石向下滑落至工作面下侧堆积，造成被保护层瓦斯在此处不能充分释放、被保护层在倾向上部保护范围相比下部更大。王海锋等[37]对近距离上保护层开采，位于底鼓断裂带内的被保护层卸压向保护层内大量释放瓦斯的情况，通过调整穿层抽采钻孔设计参数，既消除了下被保护层煤与瓦斯突出危险性，同时又提高了上保护层工作面开采的安全性。

1.2.1.2　围岩变形的数值计算研究现状

围岩移动变形的理论计算方法除了以上结构力学模型，数值计算方法是另一个研究热点。经典结构力学模型，如砌体梁理论、传递梁理论和压力拱理论等虽对矿山压力与岩层控制研究具有指导意义，但对于地下采矿活动中所处地质环境的不确定性、采动影响下围岩变形破坏的复杂性及煤岩物理力学性质存在的非线性等方面的研究存在一定的不足。20世纪60年代以来，随着以有限元为主的数值计算理论的日益完善，力学问题的计算机数值模拟解决方案逐渐走向成熟，数值计算方法被越来越多的学者利用于采矿活动引起的矿山压力与岩层控制领域。数值方法中可考虑围岩变形破坏过程中的各种非线性特性及可通过参数化处理引入地质条件的不确定，因此用于解决各种复杂的工程问题十分方便，很好地弥补了经典结构力学模型存在的不足。随着计算机的计算能力越来越大，计算能力的平均成本也越来越低，越来越多的学者和工程技术人员倾向于利用数值模拟研究围岩变形破坏问题[26]。

对于保护层开采后被保护层和围岩的变形研究，数值计算中最典型的处理方法是将煤岩层作连续介质处理。如胡国忠、范晓刚等采用 3D-σ 有限元软件[38-39]，煤岩层模型采用弹塑性本构，以被保护层体应变和应力释放率为保护效果考察指标，对西南地区多见的急倾斜俯伪斜开采条件下的保护层开采保护范围进行了研究。将煤岩作连续介质处理的方法适用于煤岩的非连续性对研究结果影响较小的情况，如远距离的上保护层开采或急倾斜煤层保护层开采被保护层卸压变形考察。

保护层开采工程中受保护层工作面采动影响，围岩发生变形破坏。特别是上覆岩层在重力作用下变形破坏严重，裂隙大量发育。传统连续介质数值计算方法对于此类大变形及材料高度非线性和离散性的问题模拟效果与真实结果相差甚远。对传统连续介质数值计算方法进行发展，从而更可靠地解决岩体破坏问题具有重要意义。为此，学者们在本构模型中引入损伤因子或改用离散元算法（DEM）的数值计算模型，完善了保护层开采过程中煤岩变形的非线性及非连续性的处理。石必明等[40]通过引入损伤因子考虑了煤岩峰后的应力-应变关系，并采用 RFPA 对保护层开采过程中的上被保护层的变形进行了研究，研究了相对层间距（保护层与被保护层垂直间距与保护层开采高度之比）对被保护层变形的影响规律。高峰等[41]通过在有限元软件的弹塑性本构关系中引入煤炭体结构损伤变量，建立了含损伤的保护层开采煤岩变形破坏有限元模型，得到了某矿双保护层开采被保护层的损伤分布和渗透率分布情况。离散元法将岩体看作一种不连续的离散介质，对采动过程中覆岩的大变形及顶板垮落的模拟具有独特的优势。如为得到下保护层开采后层间岩层渗透率的分布，齐消寒[42]采用 UDEC 离散元软件对保护层开采活动建模，得到了煤层群内的裂隙发育情况，并结合多场耦合计算软件 Comsol 得到了保护层开采后瓦斯渗透率分布、瓦斯压力分布及层间瓦斯越流规律。对覆岩大变形及垮落处理的另一种思路是在有限元中引入断裂力学本构模型，并采用接触算法处理岩块间的相互作用。舒才针对煤层采动影响下覆岩破坏的大变形、断裂岩块相互作用复杂的特点，采用 Ls-dyna 显式有限元计算软件对该过程进行建模。通过引入考虑弹、粘、塑性及损伤的本构模型，较为全面地考虑了下保护层开采过程中裂隙演化过程的各种因素影响[43]。

1.2.1.3　围岩变形的模型试验研究现状

除了以上理论计算方法，在围岩变形控制研究领域另一个重要的研究方法是模型试验方法。模型试验方法基于相似理论，理论体系完备，具有结果直观、实验条件可调整的特点。该研究方法的主要局限是相似条件很难全面满足，因此一般根据研究目的的不同，保证模型主要部分具有足够精度的相似性，而放松对次要影响因素的相似性作要求[44]。

模型试验方法的主要研究内容包括：相似材料、对现场工程的适用性和模型试验的测试技术等。在模型比例一定条件下相似材料与原型保持相似是相似模型试验的基础，国内外对此进行了众多研究[44-45]。为验证模型试验对现场工程的还原程度，张军等[46]对某矿采动过程进行了相似模型试验研究，根据模型实验结果确定了该矿"三带"高度，并通过现场钻孔测试的方法（气体参数变化及钻孔注水时水量变化）验证了模型试验在围岩变形破坏研究方面的可行性。模型试验中裂隙的描述常采用素描的方法，该方法缺点是受人为因素影响较大；对变形的描述常采用在模型表面布置测点，并利用经纬仪、百分表记录测点位移[44]。针对模型表面布置测点进行变形测量数据空间离散性过大的问题，一些全场变形测量的新方法开始引入到模型试验研究中，以获得更丰富的模型变形信息。郭文兵、尹光志等[47-48]在大倾角煤层及多煤层开采的模型试验中引入光弹法得到了围岩内部应力的连续分布结果。周宏伟等使用光测法得到覆岩移动的全场等高线云图[49-50]并通过与经纬仪测量结果对比验证了该方法的可行性。魏世明等[51]采用光栅法进行了平面相似模拟的三维变形测量。

1.2.1.4　围岩变形的现场测试

现场观测是围岩变形破坏情况研究的最直接的方法，常用于对其他研究方法的验证。对于保护层开采而言，主要现场考察参数包括：岩层变形量、地应力变化及瓦斯参数的变化等。如张军等[46]通过观察钻孔过程中气体参数变化及钻孔注水时水量变化得到了采动覆岩"三带"高度参数；朴春德等[52]采用BOTDA光纤传感技术得到了工作面推进过程中的覆岩变形动态描述；Xiong Zuqiang等[53]采用现场深基点位移计得到了保护层开采过程中被保护层的动态变化规律。以上围岩变形现场测试为理论研究及相似模拟提供了宝贵的验证数据，但由于现场地质条件复杂、施工条件差，现场测试失败率较高。对于保护层开采，常根据《防治煤与瓦斯突出规定》，仅对被保护层瓦斯参数进行现场考察。被保护层瓦斯参数的变化可从侧面反映出被保护层应用释放及变形情况。

1.2.2　保护层开采保护效果变化规律研究

保护层开采保护效果变化规律研究主要包括影响因素及效果考察两方面。

1.2.2.1　保护层开采效果影响因素

保护层开采效果的影响因素较多，总体可分为开采影响因素和工程地质影响因素。前者包括：工作面长度、作用时间等；后者包括：保护层厚度、层间岩石性质、开采深度、煤层倾角等[23-25]。而在《防治煤与瓦斯突出规定》中主要对煤层倾角和煤层间距对保护层开采的影响作出阐述。

保护层开采，煤层间距一定，保护范围主要由卸压角控制。于不凡[23]给出了利用最大下沉角来求解下保护层开采时确定倾向卸压角的方法，并总结了我国部分矿井的最大下沉角的实测值。《防治煤与瓦斯突出规定》根据苏联及我国部分矿井实际考察的统计数据，对保护层开采倾向卸压角随煤层倾角的变化给出了经验取值。

保护层开采过程中卸压作用起到首要的、决定性作用[23]。保护层工作面开采后为被保护层应力释放提供了变形空间，而这种卸压作用是通过保护层与被保护层间的煤岩层传递的，层间距及层间岩性对被保护层卸压程度、渗透率增加程度及围岩的裂隙生成扩展具有重要影响，是保护层开采需要考虑的重要因素。

研究的结果表明，在一定的地质和开采条件下，保护层开采卸压作用随着煤层间距加大而减少，当大于某一临界距离时，卸压作用即消失[23]。《防治煤与瓦斯突出规定》中给出了保护层开采最大保护垂距，如表 1-3 所示。

表 1-3　保护层与被保护层之间的最大保护垂距

煤层类别	最大保护垂距/m	
	上保护层	下保护层
急倾斜煤层	<60	<80
缓倾斜和倾斜煤层	<50	<100

保护层与被保护层之间的最大保护垂距可参照表 1-3 选取或用式（1-1）和式（1-2）确定：

下保护层的最大保护垂距：

$$S_{下} = S'_{下}\beta_1\beta_2 \tag{1-1}$$

上保护层的最大保护垂距：

$$S_{上} = S'_{上}\beta_1\beta_2 \tag{1-2}$$

式中，$S'_{下}$、$S'_{上}$ 分别为下保护层和上保护层的理论最大保护垂距，m。它们与工作面长度 L 和开采深度 H 有关。当 $L > 0.3H$ 时，取 $L = 0.3H$，但 L 不得大于 250m。β_1 为保护层开采的影响系数，当 $M \leqslant M_0$ 时，$\beta_1 = M/M_0$；当 $M > M_0$ 时，$\beta_1 = 1$。M 为保护层的开采厚度，m。M_0 为保护层的最小有效厚度，m。M_0 可参照图 1-6 确定。β_2 为层间硬岩(砂岩、石灰岩)含量系数，以 η 表示在层间岩石中所占的百分比，当 $\eta \geqslant 50\%$ 时，$\beta_2 = 1 - 0.4\eta/100$；当 $\eta < 50\%$ 时，$\beta_2 = 1$。

《防治煤与瓦斯突出规定》指出，开采下保护层时，不破坏上部被保护层的最小层间距离可参考式（1-3）确定：

$$H = \begin{cases} KM\cos\alpha & \alpha < 60° \\ KM\sin(\alpha/2) & \alpha \geqslant 60° \end{cases} \tag{1-3}$$

式中，H 为允许采用的最小层间距，m；M 为保护层的开采厚度，m；α 为煤层倾角，(°)；K 为顶板管理系数。冒落法管理顶板时，K 取 10，充填法管理顶板时，K 取 6。

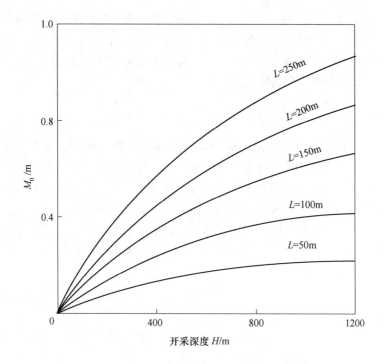

图 1-6 保护层的最小有效厚度随开采深度变化曲线

《防治煤与瓦斯突出规定》除了给出保护层开采最大保护垂距、上部被保护层的最小层间距离的经验取值，并未确切给出卸压角、保护范围等保护效果指标与煤层间距之间的确定性关系。

于不凡[23]给出了国内外不同相对层间距的保护层开采工程保护效果的统计结果，分析了层间岩性对保护层开采的影响，为指导保护层开采工程实施提供了依据。范晓刚等[36]针对急倾斜下保护层开采时存在层间关键层的情况，通过岩层变形的结构分析，研究了层间岩性对保护效果的影响。王海锋等[19]针对保护层开采保护范围小于保护层工作面范围被保护层沿倾向无法连续开采，以及远距离倾斜煤层群保护层开采时保护层无法完全保护到同水平的被保护层等技术难题，提出了相应的保护范围扩界方法。陈彦龙等[54]通过数值计算的方法确定了上保护层开采煤层厚度、层间岩性对被保护层应力及变形影响。刘洪永等[55]引入考虑煤层倾角、回采参数、层间硬岩等因素的当量相对层间距的概念，并以此界定近距离、远距离和超远距离保护层开采工程。

目前上保护层开采保护效果与煤层间距之间关系的研究，其对象多为近水平煤层群或倾斜煤层群的走向保护效果[28,54,56-57]，部分上保护层开采沿煤层倾向保护效果的研究仅局限于卸压保护角或保护范围的单一保护效果指标效果分析[58]，对保护层开采保护效果受赋存条件变化影响程度的量化和不同赋存条件的影响程度间的比较分析相对较少。本书拟建立基于数值模拟的响应面计算模型，并以此对保护层开采保护效果受主要赋存参数变化影响程度进行量化分析，并基于物理相似模拟实验对保护效果主要影响因素之一的煤层间距进行系统研究。

1.2.2.2　保护层开采效果考察指标

保护层开采效果考察是保护层开采理论体系的重要环节，包括消突判定依据、消突程度及消突结果的可靠性等方面。《煤与瓦斯突出防治规定》中分别指定了区域防突措施效果指标和工作面防突效果指标，区域防突措施中开采保护层开采的保护效果检验指标包含：残余瓦斯压力、残余瓦斯含量、顶底板位移量及其他经试验证实有效的指标和方法，也可以结合煤层的透气性系数变化率等辅助指标。目前，国内外保护层开采的主要消突判定依据共 6 种[59-61]：

（1）应力判别准则。

保护层开采过程中卸压作用是引起渗透率、瓦斯压力变化等其他因素变化的基础，卸压是首要的、起决定性的[23]。苏联专家马雷舍夫，通过地质力学理论并结合矿山实测，研究保护层开采后覆岩的应力重新分布规律，并提出了覆岩受采动后矿山压力安全状态下的保护范围判别：

$$|\sigma_{yc}| \leqslant (\cos^2\alpha + \lambda\sin^2\alpha)\gamma H_B \qquad (1-4)$$

式中，σ_{yc} 为垂直于煤层层理方向的应力；α 为煤层倾角；λ 为侧压系数；γ 为任意方向与水平面的夹角；H_B 为矿井首次发生煤与瓦斯突出的作业深度。

煤与瓦斯突出过程中，瓦斯是起主导作用的因素[13]。应力判别准则未考虑瓦斯因素，且《煤与瓦斯突出防治规定》中未给出基于被保护层卸压值划定保护范围的明确规定，因此应力差别准则主要用于确定被保护层的采动卸压影响范围。煤矿井下地应力测试影响因素较多，造成获得保护层开采引起地应力变化的精确数据难度较大，因此将保护层开采引起地应力变化作为保护层开采卸压影响范围更常见于保护层开采的数值计算或物理相似模拟研究方法中使用。胡国忠等[39]在保护层开采三维数值模拟中采用应力判别准则确定了保护范围，与被保护层变形准则确定的保护范围的对比显示两者所得结果接近。

（2）残余瓦斯压力判别准则。

在我国的保护层开采中，残余瓦斯压力判别准则得到了人们普遍的认同和广泛的应用。《防治煤与瓦斯突出规定》中残余瓦斯压力是判别有无突出危险性的优先指标，并指定消突安全值为小于 0.74MPa，该值是基于全国 26 个突出矿井的统计资料得到的。

煤与瓦斯突出是多种因素综合作用的结果，不同的赋存条件的煤层其实际突出的瓦斯临界压力存在差异。梁冰等[62]改进了单一瓦斯压力突出因素的煤与瓦斯突出模型，考虑了应力、煤质因素的影响，建立了煤和瓦斯突出的固流耦合失稳理论模型；针对《防治煤与瓦斯突出规定》中将瓦斯压力 0.74MPa 作为突出煤层消突指标过于笼统，未考虑突出煤层的具体参数，胡国忠等[60]根据有限变形下煤与瓦斯突出的固气动态耦合模型失稳确定了煤层消突的残余瓦斯压力临界值。

（3）被保护层动态瓦斯压力判别准则。

与残余瓦斯压力判别准则不同，被保护层动态瓦斯压力判别准则将被保护层卸压边界附近瓦斯压力的梯度作为保护范围定界指标。从其定义可知该判别准则不能描述被保护层保护区内受保护程度。

（4）煤层法向变形判别准则。

被保护层的变形差别准则综合考虑了地应力的降低及被保护层物理力学性质。于不凡采用被保护层膨胀变形量作为保护层开采的保护程度，指出大多数情况下煤层膨胀变形值按指数方程规律变化[16]：

$$\varepsilon_{\mathrm{e}} = \varepsilon_{\mathrm{e0}} \mathrm{e}^{-bh} \tag{1-5}$$

式中，ε_{e} 为距离保护层垂距 h 处的被保护层的膨胀变形量；h 为保护层与被保护层的垂直间距，m；$\varepsilon_{\mathrm{e0}}$ 为保护层的相对膨胀变形值；b 为层间岩层系数。

《防治煤与瓦斯突出规定》中指出顶底板位移量是保护层开采效果检验的指标之一，并规定突出矿井首次开采某个保护层时，应当对被保护层进行区域措施效果检验及保护范围的实际考察。如果被保护层的最大膨胀变形量大于 0.3%，则检验和考察结果可适用于其他区域的同一保护层和被保护层。

（5）残余瓦斯含量判别准则。

《防治煤与瓦斯突出规定》中将残余瓦斯含量列为区域突出危险性预测的指标，并指定安全临界值为 8m³/t。残余瓦斯压力判别准则依赖于瓦斯压力测量的准确性，而实际瓦斯测压测孔易发生变形与破坏以及封孔质量的差异，测不到和测不准瓦斯压力的情况时有发生。相比之下，瓦斯含量判别法具有理论科学性强、实用可靠、测试时间短、预测深度大、整体成本低、对采掘影响小等优点。该方法的主要技术瓶颈在于减小取样过程中的气体损失，随着钻孔取芯技术的进步，取样时间越来越短，该方法的优势越来越明显，已经得到越来越广泛的应用[63-64]。

胡千庭等[63]研究并提出了井下取煤芯工艺装备和瓦斯含量计算方法；齐黎明等[65]从瓦斯膨胀能的角度分析了煤与瓦斯突出对瓦斯含量及瓦斯压力的敏感性，瓦斯含量比压力对突出的影响更大，采用瓦斯含量预测突出更加可靠；袁亮等[64]在淮南矿区利用瓦斯含量法确定保护层开采消突范围；王汉鹏等[66]通过进行吸附能力的气体、不同强度型煤的瓦斯突出实验，得到了瓦斯含量对瓦斯突出的影响；岳高伟等[67]针对不同变质程度煤层的吸附特性及煤的力学性质的差异，通过实验得到软硬分层的煤层，残余瓦斯含量临界值应取瓦斯压力为 0.74MPa 时软硬煤瓦斯含量测值的小值（取整）。

（6）保护层开采效果的综合评价模型。

除了以上几种保护层开采效果的单一评价准则，一些学者逐渐将可靠性理论、系统工程理论等引入到保护层效果的评价体系中。刘彦伟等[68]归纳了影响保护层开采技术可靠性的主要因素，建立了基于层次分析法的保护层开采可靠性评价体系。杜泽生[69]为对保护层开采效果进行量化，提出了保护层开采效果可信度评价模型，构建了保护层开采效果可信度指标。

以上保护层开采效果影响因素与考察指标均基于防治煤与瓦斯突出的出发点，即典型的以消突为目的的保护层开采效果研究。实际上保护层开采不仅用于煤与瓦斯突出的区域防治，一些被保护层内施工的相关工程，如本书所研究的通过保护层开采卸压抽采控制被保护层内的煤巷掘进瓦斯涌出，也利用到了保护层开采的卸压作用。为此，广义上的保护层开采效果研究在防治煤与瓦斯突出的基础上还应进一步考虑对相关工艺的影响。

1.2.3　保护层开采对被保护层内其他工艺的影响研究

煤矿井下开采是一个有机系统，各个环节间存在直接或间接的相互影响。以突出矿井的保护层开采为例，为提高保护层开采时的安全性、增加保护层开采的消突效果及提高煤层瓦斯的回收率，保护层开采工艺常与卸压瓦斯抽采工艺共同实施。卸压瓦斯抽采与保护层开采是相关工艺间的协调的典型案例，保护层开采对卸压瓦斯抽采效果影响较大。除此之外，在被保护层内施工，受保护层开采影响较大的相关工艺通常还包括：被保护层保护范围扩界、被保护层内巷道布置优化、被保护层内巷道支护等，而目前对保护层开采卸压抽采作用对此类被保护层内作业工艺影响的研究相对较少。

1.2.3.1　保护层开采与卸压瓦斯抽采工艺相结合

煤与瓦斯共采体系是科学采矿的重要概念——煤矿绿色开采重要组成部分[70-71]，保护层开采与卸压瓦斯抽采相结合是实现煤与瓦斯共采体系的最有效的途径之一。保护层开采不仅有利于被保护层瓦斯抽采，被保护层卸压瓦斯抽采反过来也能够提高保护层开采安全性及保护效果。卸压瓦斯抽采工艺是保护层开采最常见的配套工艺。

瓦斯抽采是目前煤与瓦斯共采体系中煤层气资源回收的主要方法。我国煤层透气性普遍较低，煤层气开采难度大，井下瓦斯灾害严重影响煤矿安全生产，同时制约了我国清洁能源发展战略。由于我国煤炭资源的赋存特点及长期的旺盛需要导致煤炭开采以每年 10~25m 的速度向深部扩展，目前我国最深的煤矿开采深度已超过 1500m[72]。研究[73]表明煤层瓦斯压力与地应力呈线性关系，煤层透气性系数与地应力呈负指数关系，因此随深度的增加煤层瓦斯的抽采愈加困难。如何有效地提高煤层气的抽采率是保证我国煤层气供给及深部煤炭资源可持续开采的关键问题。

实践表明，一旦煤层开采引起岩层移动，即使是渗透率很低的煤层，其渗透率也将成百上千倍地增加，为瓦斯运移和抽放创造了条件。因此利用保护层开采对被保护煤层的大范围卸压效果进行煤层瓦斯抽采成为实现煤与瓦斯共采体系的主要手段之一，保护层开采卸压瓦斯抽采体系如图 1-7 所示。

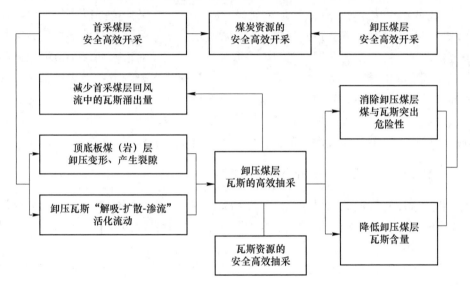

图 1-7　保护层开采卸压瓦斯抽采体系图

程远平[74]根据保护层与被保护层的相对层间距的不同，将保护层开采划分为近程、中程和远程三类，分析了不同类型保护层开采、被保护层变形及瓦斯涌出特点。对于近距离上保护层开采，由于围岩变形破坏影响较大，裂隙发育，保护层开采过程中被保护层瓦斯大量涌入采空区，极易造成保护层瓦斯超限[75]。更严重地，层间岩层抵抗力较低，被保护层瓦斯可能发生冲破岩层，在保护层开采过程中发生突出。对于远距离保护开采，开采扰动对围岩变形破坏影响较小，导致一方面被保护层的卸压程度及透气性增加均较低，另一方面围岩中不能形成良好的瓦斯自然排放通道，被保护层瓦斯压力依然较高。仅依靠被保护层的应力降低不足以防止突出，需配合辅助措施，降低瓦斯压力，增加保护层开采的消突效果。据此，《防治煤与瓦斯突出规定》明确规定保护层开采时必须进行瓦斯抽采。并且，为增加保护层开采效果及保护范围扩界，在保护层开采实践过程中常配套水力压裂、水力割缝等辅助增透措施。

1.2.3.2　保护范围扩界

保护范围扩界受保护层开采及卸压瓦斯抽采影响。保护层开采倾向卸压角一般小于90°，造成被保护层上的保护范围小于保护层工作面长度，特别是近水平、缓倾斜煤层，被保护范围更加小于保护层开采范围。随着层间距增大保护范围变小，被保护层工作面与保护层工作面无法实现等宽、等长布置，给被保护层的工作面布置带来难度。为了便于煤层群开采采区联合布置，要么选择丢弃保护层内标高外资源，要么对被保护层进行扩界。保护范围倾向扩界，一种方法是增加保护层倾向长度[47]，另一种方法是对被保护层内沿倾向保护范围以外的未保护区采取增透抽采消突措施，达到保护范围扩界目的。对于采区边界的保护层开采保护范围扩界，由于矿界限制，常只能采取第二种方法。对沿倾向保护范围以外的未保护区采取增透抽采措施主要有两种，即在顶板或底板巷道中对未保护区域进行穿层增透抽采和在被保护层保护范围内顺层增透抽采本层内的未保护区域。相比未保护区域穿层扩界措施，在顺层措施有效长度内利用水力压裂、水力割缝及顺层瓦斯抽采等措施实现保护范围扩界技术经济指标更优。

1.2.3.3　保护层开采卸压作用对巷道稳定性的影响

除了卸压瓦斯抽放及保护范围扩界相关研究，被保护层内其他相关工艺受保护层开采影响的研究相对较少。下保护层开采引起围岩剧烈变形，造成上覆岩层中裂隙大量发育，张华磊等[20]采用数值分析结合被保护层巷道变形现场实测的方法对下保护层开采产生的裂隙会对被保护层煤层巷道的稳定性进行了研究。郭世儒等[21]通过数值模拟的方法对保护层开采被保护层煤巷围岩及支护锚杆的应力变化进行了分析，并通过沿巷道走向分区的方法分析了被保护层煤巷受保护层工作面推进的影响。王浩等[76]分析了煤岩复合动力灾害的影响因素及保护层开采被保护层内煤巷的受力特征，并以此确定了防治煤岩复合动力灾害优化区，优化了被保护层内巷道布置。

1.2.3.4　保护层开采被保护层残余瓦斯压力对被保护层内煤巷掘进瓦斯涌出的影响

为在保护层工程完成后在被保护层内布置采区巷道，需要在被保护层内进行煤巷掘进。保护层开采及卸压瓦斯抽采效果对掘进过程中瓦斯涌出量有影响。提高保护层开采的保护效果，进一步降低煤层瓦斯压力，不仅提高被保护煤层消突可靠性，还可根据被保护层内煤巷掘进的需要，缓解煤巷掘进瓦斯浓度超限问题，但目前对于此类保护层开采与其他采掘工序间的协调关系的研究还相对较少。为了综合考虑被保护层内煤巷掘进瓦斯涌出治理需求，本书将引入保护层开采临界瓦斯压力值指标，该指标既考虑了区域消突安全性（瓦斯压力值小于0.74MPa）也考虑了被保护层内煤巷掘进瓦斯涌出治理需求（考虑了巷道掘进速度、巷道掘进时间、通风能力等因素影响）。

1.2.4 卸压作用下煤巷掘进瓦斯涌出量计算研究

采动影响下煤层渗透率的变化规律研究是基于煤层瓦斯渗流的煤巷掘进瓦斯涌出计算的基础性课题。采动煤岩层渗透率变化研究除了现场测试方法[77]，数值模拟的应用也越来越普遍。采动围岩透气性演化数值模拟关键是建立合理的材料本构模型，基于合理的本构模型所得数值计算结果才可准确指导现场应用。

根据应用范围和使用条件的不同，目前煤层瓦斯流动理论主要分以下几种。

1.2.4.1 线性瓦斯流动理论

达西定律（Darcy's law）是法国学者 Darcy 通过水流过砂层的实验得到：

$$v = -\frac{K}{\mu}\frac{\mathrm{d}p}{\mathrm{d}x} \tag{1-6}$$

式中，v 为流速，m/s；μ 为流体动力黏度系数，Pa·s；K 为渗流介质的渗透率，m^2；$\mathrm{d}x$ 为与流体流动方向一致的极小长度，m；$\mathrm{d}p$ 为在 $\mathrm{d}x$ 长度内的压差，Pa。

线性瓦斯流动理论认为煤层内瓦斯运移基本符合达西定律，且式（1-6）中渗透率为常数。根据实验室和现场对瓦斯流动规律的测定显示煤层瓦斯流动规律主要以达西定律为主，即是层流运动[78]。我国周世宁等[77]学者基于线性瓦斯流动理论建立了煤层中的单向流动、径向流动和球向流动形态下的煤层瓦斯流动理论及其计算方法，并在此基础上提出了掘进巷道和回采工作面瓦斯涌出量的基本计算方法。

1.2.4.2 扩散理论

大量研究表示瓦斯在较小的孔隙系统中的运移符合菲克（Fick）扩散定律，该理论认为煤层内瓦斯在瓦斯浓度梯度驱动下由浓度高的区域向浓度低的地方移动基本符合菲克定律[79]：

$$J = -D\frac{\partial C}{\partial x} \tag{1-7}$$

式中，J 为瓦斯气体通过单位面积的扩散速度，kg/(s·m^2)；$\dfrac{\partial C}{\partial x}$ 为瓦斯沿扩散方向的浓度梯度，kg/m^4；D 为扩散系数 m^2/s。

1.2.4.3 瓦斯渗透与扩散理论

该理论认为煤层内瓦斯运动同时包含了渗透和扩散过程。煤层裂隙网络中的游离瓦斯是在瓦斯压力纯梯度驱动下流动，符合达西定律。与此同时，煤基质中的瓦斯在瓦斯浓度差的条件下发生解吸并向裂隙扩散，该过程符合 Fick 定律。

1.2.4.4 非线性瓦斯流动理论

对煤层瓦斯流动的进一步研究使人们意识到当煤体内流量过大时线性渗流理论不能很好地描述煤层瓦斯流动现象。20 世纪 80 年代，日本学者通过不同瓦斯压力梯度的渗流实验发现，对于雷诺数在 10～100 间的瓦斯流动，瓦斯流动速度与瓦斯压力梯度的 m 次幂成正比，即幂定律（Power Law）[80]。我国学者孙培德对该定律进行推广，并利用现场实测瓦斯流动参数进行了验证。此后非线性煤层瓦斯流动理论不断发展，经历了启动瓦斯压力梯度和分子滑脱效应主基础的 3 个发展阶段。

目前主流的认识是瓦斯流动过程是流体-煤岩相互作用的过程，在此过程中应充分考虑地应力场、地温场等物理场影响。多物理场的相互作用下的瓦斯流动研究是目前研究的热点[81]。王宏图等[82]建立了瓦斯流动在地应力场、地温场和地电场中的理论公式；王刚等[83]进行了煤样的瓦斯渗流实验，研究了瓦斯压力变化对煤体渗透率的影响；彭守建等[84]通过实验给出了煤样渗透率对有效应力敏感性的拟合关系式。胡国忠[18]实验研究了渗透率与瓦斯压力、体应力间的关系，并给出了它们之间的拟合关系式。针对煤层瓦斯渗流中的 Klinkenberg 效果，王登科[85]提出了一种煤层瓦斯渗透率计算的新方法。该方法综合考虑了气体动力黏度和压缩因子影响及克氏效应，并通过三轴瓦斯渗流实验验证该计算方法。

1.2.4.5 煤巷掘进的瓦斯涌出计算模型

瓦斯涌出是煤巷掘进过程中的主要威胁之一，准确掌握瓦斯涌出量的变化规律可为瓦斯涌出异常分析、预防瓦斯事故的发生提供理论基础。目前煤巷掘进瓦斯涌出量的确定方法多基于煤层瓦斯渗流理论，按计算维度分为传统二维煤巷瓦斯涌出量计算方法和瓦斯涌出三维数值计算方法[77,86-93]。传统二维煤巷瓦斯涌出量计算方法根据沿巷道长度方向上瓦斯涌出量与某一固定地点煤壁瓦斯涌出量随时间变化的相似性通过对时间的积分代替对巷道长度方向的积分[94]，具有模型简单、计算量少、巷道起止位置无限制、掘进速度变化函数设置灵活的特点，但对煤巷的揭露方式及煤层厚度有一定要求。三维数值计算方法相比传统二维计算方法对煤层条件具有更好的适应性，逐渐成为煤巷掘进瓦斯涌出研究的热点。高建良[86-87]将渗透率对煤壁距离的分段函数引入到瓦斯涌出计算模型中，并研究了时空步长对煤巷壁面瓦斯涌出精度的影响；梁冰等[88]采用瓦斯流固耦合模型，研究了掘进长度对静态瓦斯涌出总量的影响；刘伟等[89]采用参数无因化及移动坐标系的方法研究了掘进速度对煤壁动态瓦斯涌出的影响。但三维数值计算方法对长距离煤巷掘进瓦斯涌出量计算要求划分大量网格，难以考虑掘进速度及时间效应对瓦斯涌出总量的影响。

为此，本书在传统二维煤巷瓦斯涌出量计算方法中引入固气耦合模型，提出基于固气耦合及巷道断面瓦斯涌出量时间积分的煤壁瓦斯涌出计算方法。以南桐矿区东林煤矿被保护层工作面煤巷掘进为工程背景，对掘进过程中煤壁瓦斯涌出量的变化规律进行分析。

1.3 本书主要研究内容、技术路线

1.3.1 主要研究内容

以南桐矿区东林煤矿上保护层开采工程为工程背景，拟通过建立上保护层开采保护效果的响应面模型，对上保护层开采保护效果受煤层群赋存条件的敏感度进行研究。通过不同层间距的物理相似模拟实验方法，研究保护效果的变化规律。建立基于固气耦合的煤巷掘进瓦斯涌出量计算模型，研究被保护层残余瓦斯压力对煤巷掘进瓦斯涌出量的影响。主要研究内容如下：

（1）上保护层开采保护效果的响应面模型的建立。

相似模拟、数值计算及现场考察是保护层开采的主要研究手段。在研究的工作量及计算结果的丰富性方面，数值计算方法在三种研究方法中具有明显的优势。但数值计算的有限元建模及参数取值复杂、计算工作量较大，限制了其在工程中的应用。拟通过将数值计算方法与响应面方法相结合，按响应面方法试验设计方案进行数值计算，建立保护层开采的响应面模型。通过改变保护层开采赋存条件，代入响应面模型即可得到保护层开采效果变化，将大幅减少数值计算工作量，利于数值计算结果现场推广应用。

（2）上保护层开采保护效果受煤层群赋存条件的敏感度研究。

保护层开采保护效果的影响因素众多，上保护层开采保护效果的响应面模型为研究多个因素变化对保护开采效果的影响提供了便利。根据所建立的上保护层开采保护效果的响应面模型，拟进行保护效果受各个影响因素影响的敏感度的计算，为保护层开采效果受煤层赋存因素影响程度的量化分析提供了可能。

（3）基于物理相似模拟实验的不同层间距的保护层开采效果变化规律研究。

通过上保护层开采保护效果受煤层群赋存条件影响的敏感度分析，初步得到了层间距对上保护层开采效果的影响。数值计算的准确可靠是开采参数的敏感度计算的基础，为对保护层开采保护效果的响应面模型的数值计算部分进行验证，并为进一步系统研究保护层开采效果受煤层间距的影响，将进行不同层间距的上保护层开采物理相似模拟实验。

（4）基于煤巷掘进瓦斯涌出量的被保护层残余瓦斯压力研究。

煤矿安全高效开采是采矿及相关领域研究的重要课题。保护层开采作为井下开采系统中的一个环节，应与其他环节相互协调。被保护层内的煤巷掘进瓦斯涌出受保护层开采的残余瓦斯压力影响较大，而通过保护层开采及配套的卸压瓦斯抽采措施，被保护层的残余瓦斯压力在一定程度上是可控的。因此研究保护层开采煤巷掘进与残余瓦斯压力之间的关系具有一定意义。将建立基于固气耦合的煤巷掘进瓦斯涌出量计算模型，基于该模型对煤巷掘进涌出规律进行研究。为综合考虑被保护层内煤巷掘进瓦斯涌出治理需求，本书将研究建立保护层开采临界瓦斯压力值指标，该指标同时满足区域消突安全性（瓦斯压力值小于0.74MPa）和被保护层内煤巷掘进瓦斯涌出治理需求（CH_4含量小于1%）。

（5）煤层群上保护层开采保护范围的现场考察。

保护层开采参数敏感度分析的数值计算部分将通过物理相似模拟进行验证，保护层开采的物理相似模拟同样需要通过现场考察进一步验证。拟对南桐矿区东林煤矿进行保护范围现场考察研究，对比分析不同保护范围划分方法间的差异。

1.3.2　技术路线

以上研究内容，主要采用的研究方法包括理论分析、相似模拟实验、现场考察，并按图1-8所示技术路线进行展开。

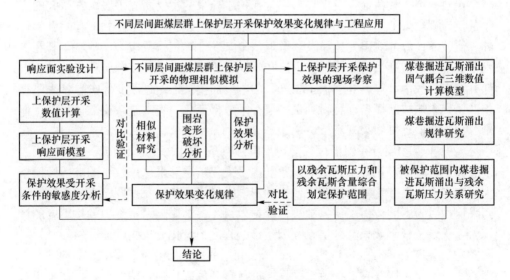

图 1-8　研究技术路线流程图

2 基于响应面模型的上保护层开采赋存条件的敏感度研究

煤层是一种沉积地层，在漫长的地质成岩过程中受到大地构造运动影响，煤层自身性质及赋存条件不断发生变化。同一区域的煤岩层，即使总体赋存条件相近，仍存在局部的变化。煤岩赋存条件的变化对煤炭资源的安全高效开采的各个方面均产生影响。对于我国广泛存在的突出煤层，保护层开采是消除煤层突出危险性、确保安全开采的最有效的措施之一。对煤岩赋存条件变化对保护层开采效果的影响程度进行量化，即研究保护层开采条件的敏感度，一方面引入了赋存条件变异性对保护效果的影响，另一方面利于筛选保护效果的主要影响因素，对于提高保护开采设计安全性、完善保护层开采理论具有重要意义。

目前，保护层开采主要效果指标包括走向倾向卸压角、走向倾向保护范围长度。由于这两个指标是保护层开采效果的最直接反应，因此学者们对其进行了充分研究。一些相对间接的保护层效果指标，如受采动卸压影响、被保护层内的应力应变分布规律、采动卸压范围、残余瓦斯压力分布等特征参数由于研究的困难并且《防治煤与瓦斯突出规定》中未提出具体要求，没有引起研究人员重视，相关研究相对较少。煤矿的地下开采是一个系统工程，采矿过程中相关工艺应紧密有机结合，这也是科学采矿的内在要求。由于这些相对间接的保护层开采效果指标在保护层开采相关的其他工艺，如水力压裂、卸压瓦斯抽采、被保护层内煤巷掘进等方面具有重要作用，因此具有一定的研究意义。影响保护层开采保护效果的煤层赋存条件主要包含煤层间距、煤层厚度、煤层倾角、地应力等，其他因素如煤质、煤层瓦斯压力等也会对保护层产生影响。由于煤层赋存条件参数较多及保护效果指标的多样性，受实验和研究方法限制，大部分保护层开采保护效果的研究仅针对部分参数进行单因素变化影响研究。本章采用非线性数值模拟变参数迭代求解结合非线性响应面模型的方法，对多个保护效果指标受各保护层开采参数变化的敏感度进行研究。克服了保护层开采效果指标与煤层赋存条件参数数量较多导致的研究的复杂性，有利于更加系统地了解煤层赋存条件对保护层开采保护效果的影响。

2.1 敏感度分析及响应面法计算理论

2.1.1 敏感度分析

敏感度分析也称灵敏度分析（Sensitivity Analysis，SA），就是假设模型表示为 $y = f(x_1, x_2, \cdots, x_n)$（$x_i$ 为模型的第 i 个属性值，也称输入参数），令每个输入参数 x_i 在可能的取值范围内变动，研究和预测这些输入参数的变动对模型输出值 y 的影响程度。我们将影响程度的大小称为该参数的敏感度[95]。敏感度越大则该模型参数对模型输出的影响越大。通过敏感度分析，可以将输入参数按模型响应对其敏感度进行排序。通过筛选入敏感度高的输入参数，省略低敏感度的输入参数，从而简化研究参数，发现问题研究的重点。

敏感度分析是建立在参数输入及响应输出模型上的。除了一些具有简单表达式的模型，实际敏感度分析需要处理的问题的模型大部分是不清楚内部结构或内部结构高度非线性的。对于大部分敏感度分析，并不能通过简单分析模型内部结构确定其受输入参数影响的敏感度。对于此类敏感度分析问题，一般采用统计建模方法建立参数输入及响应输出间的关系。此类方法包括：单因子逐次分析变化法（OFAT）、多元线性回归方法、傅里叶敏感性检验法、非参数统计方法、Morris 法、Sobol 方差分解法等[96-97]。

2.1.2 基于响应面的敏感度分析

响应面法（Response Surface Methodology，RSM）也称代理模型法，最早于 1951 年由 George E. P. Box 和 K. B. Wilson 提出，采用多元函数作为近似功能函数逼近真实过程。该方法最初用于结构最优化设计，目前已广泛应用于可靠度分析、岩土体边坡稳定性分析等方面[98-100]。

在敏感度分析中，当研究对象的真实模型具有较高的复杂度或采样成本较高时，找到一种对真实模型作一定简化并能近似模拟真实系统参数输入与响应输出关系的代理模型，将为敏感性研究带来极大的便利。响应面法即是一种真实系统的代理模型。基于响应面法进行敏感度分析是对基本多元线性回归方法的敏感度分析的扩展。在基本多元线性回归方法的敏感性分析方法中，敏感度定义为标准化回归系数，而在基于响应面的敏感度分析中敏感度定义为响应面功能函数对输入参数的偏导数[101]，因此是一种局部敏感性分析方法[97]。

响应面方法的主要步骤包括：选定模型输入参数及响应输出指标，确定响应面近似功能函数，根据近似功能函数确定实验设计方法，根据确定的响应面实验设计进行实验，根据实验的输入参数及响应输出指标确定近似功能函数未知系数，检验近似功能函数对输入参数与响应输出的拟合效果，基于逼近真实模型的响应面功能函数进行后续研究。

2.1.3 响应面功能函数

早期响应面函数为基本变量的线性多项式，其表达式为：

$$y' = g'(x_1, x_2, \cdots, x_n) = b_0 + \sum_{i=1}^{n} b_i x_i \tag{2-1}$$

式中，x_i 为真实参数输入；y' 为响应面拟合的真实响应的近似；b_i 为线性多项式回归拟合系数。

当对输入参数作归一化处理（Standardized Coefficient），对应输入参数的敏感性度即线性多项式中输入参数对应回归拟合系数。

目前，基于多项式的响应面的拟合绝大多数采用的是最小二乘回归，以线性多项式响应面为例[102]，设 y 为因变量，有 p 个自变量 $x_1, x_2, \cdots, x_p$。多元线性回归模型为：

$$y = \beta_0 + \beta_1 x_1 + \cdots + \beta_p x_p + \varepsilon, \ E(\varepsilon) = 0 \tag{2-2}$$

式中，ε 为拟合残差。

如果对 y 和 x_i 分别进行 n 次独立观测，可取得样本 (X_1, Y_1)，(X_2, Y_2)，$\cdots$，(X_j, Y_j)，$\cdots$，(X_n, Y_n)。将式（2-2）用矩阵形式表示：

$$Y = X\beta + \varepsilon \tag{2-3}$$

假设：

（1）$x_{i,j}$ 是确定的值，不含随机成分。

（2）自变量 x_1、x_2、x_p 之间不存在完全相关性（相关系数为 1）。

记系数 β 的估计量为 $B = (b_0, b_1, \cdots, b_p)'$。则 Y 的估计量 $\hat{Y}$ 为：

$$\hat{Y} = XB \tag{2-4}$$

要求估计量 $\hat{Y}$ 与 Y 实际值的差异最小，即要求：

$$\| e \|^2 = \| Y - \hat{Y} \|^2 \to \min$$

$$\| e \|^2 = (Y - XB)'(Y - XB)$$

$$= Y'Y - 2B'X'Y + B'X'XB \tag{2-5}$$

令 $\| e \|^2$ 对系数估计 B 的偏导为 0，即 $\| e \|^2$ 为最小：

$$\frac{\partial \| e \|^2}{\partial B} = -2X'Y + 2X'XB = 0 \tag{2-6}$$

得到：

$$X'XB = X'Y \tag{2-7}$$

因此可得系数的最小二乘估计量：

$$B_{LS} = (X'X)^{-1}X'Y \tag{2-8}$$

为了提高响应面函数对模型非线性的适用性，Bucher 等人在式（2-1）基础上提出了改进的二次响应面函数法：

$$y' = g'(x_1, x_2, \cdots, x_n) = b_0 + \sum_{i=1}^{n} b_i x_i + \sum_{i}^{n} b_{ii} x_{ii}^2 + \sum_{i=1}^{n-1} \sum_{j=i}^{n} b_{ij} x_i x_j \tag{2-9}$$

式中，x_i 为自变量；b_0、b_i、b_{ii}、b_{ij} 为待定系数。

二次响应面函数法为响应面方法增加了非线性关系的模拟能力，但由于增加了更多的未知系数，相比线性响应面需要更多的实验数据。为简化响应面功能函数并减小实验数量，以一定的拟合能力为代价，常省略式（2-9）中的交叉项。二次响应面函数法功能函数中系数的计算同样采用最小二乘估计法，计算过程将因子平方项及因子交叉作用项作为单独的因子，其他步骤与式（2-2）所示线性多项式类似。

图 2-1 为二次响应功能函数与真实功能函数关系示意图。

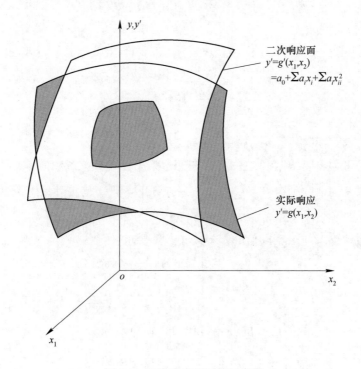

图 2-1 二次响应面函数示意图

近年来，为解决输入参数庞大、模型本身具有高度非线性问题的拟合，响应面方法进一步发展，引入了一些新的功能函数，如径向基函数网络、支持向量机等[103]。

响应面功能函数是响应面方法的重要组成部分，应根据不同的研究内容及研究目的选择合适的响应面功能函数。当主要研究目的是基于响应面功能函数对真实模型进行插值估计时，为保证插值的准确性，应选择高阶多项式功能函数。针对真实模型具有较高的非线性的情况，应选择径向基函数、支持向量机、人工神经网络等高度非线性方法；针对较大输入参数区间的全局优化问题，为减小真实模型局部趋势对优化过程影响和减小工作量，可降低对响应面精度的要求，采用线性或二阶功能函数；工程中大部分敏感性分析问题，主要研究目的是确定响应输出对输入参数的总体趋势，采用二次响应面函数可以满足精度要求。

2.1.4 响应面实验设计

实验设计与分析（Design and Analysis of Experiments，DAE）的理论来源于数理统计，并发展成为其中一个重要分支。它是以概率论、统计学为基础，与专业知识和实践经验相结合，研究在有限资源下如何合理安排实验并将结果系统化分析的一项技术[104]。

响应面法所用实验设计方法也叫响应面实验设计。根据响应面功能函数的选择、实验目的及实验条件的不同，对实验设计方法的要求不尽相同。随着响应面理论的不断发展，多种具有响应面方法针对性的实验设计方法被先后提出，是实验设计方法中的一大类。

目前，对于响应面方法中常用的线性功能函数及二次多项式功能函数，主要实验设计方法包括中心合成设计（Central Composite Design，CCD）和 Box-Bchnken 设计（BBD）。

2.1.4.1 中心合成实验设计

中心合成实验设计是用来拟合二次响应面的主要方法之一。以双因子中心合成设计为例，如图 2-2 所示，该实验设计方法的两个因子均有 -1 和 1 水平，共有 4 个组合，因此共有 4 个分位点（图中矩形角点）；考虑在各个因子单独作用，共有 4 个轴点（图中星点）；以及中心点，为获得实验结果的方差分布，中心点的实验需要重复 4~6 次。

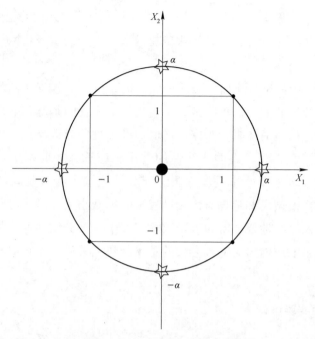

图 2-2 双因子中心合成设计示意图

三因子中心合成设计实验点是三维分布，如图 2-3 所示。

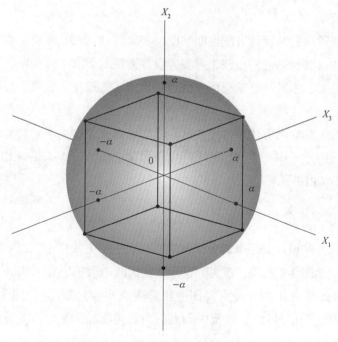

图 2-3 三因子中心合成设计示意图

中心合成设计的实验数量的确定：k 个因子的 CCD 设计有 2^k 个分位点（factorial points），$2k$ 个轴点（axis points or star points），及若干个重复的中心实验点。分位点的位置由参数 α 决定，α 的取值根据响应面设计需要确定。根据 α 取值的不同，中心合成设计可分为若干个子类型。

2.1.4.2　Box-Behnken 设计

Box-Behnken 实验设计与中心合成实验设计类似，不同点在于因子仅有最大最小及中心点而没有无扩展轴点，即因子只有 [−1，0，1] 三个水平。因此相同数量的因子，Box-Behnken 设计相比中心合成设计需要更少的实验次数。并且 Box-Behnken 设计中保证实验中因子不会同时为最高或最低水平，从而可以避免极端实验参数的实验。以如图 2-4 所示的三因子三水平的 Box-Behnken 设计为例，图中立方体角点上无实验设计点。

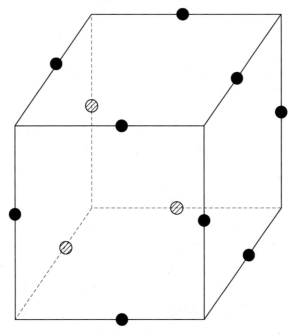

图 2-4　三因子 Box-Behnken 设计示意图

2.2　数值模拟实验方案设计

2.2.1　响应面法实验方案设计输入参数的确定

本次研究以南桐矿区东林煤矿上保护层开采普遍煤层赋存条件为基础，研究保护层开采赋存条件平均值附近的参数变化的敏感性。东林煤矿主采煤层 K4、K6，目前开采水平深度约为 650m，煤层平均倾角为 45°，为急倾斜煤层。K6 煤层位于 K4 煤层上方，层间距平均为 35m；K4 煤层、K6 煤层厚度平均分别为 2.5m 和 2m。两层煤均具有突出危险性，矿区内矿井多选择突出危险性较低的 K6 煤层进行上保护层开采，消除下部 K4 煤层突出危险性。

保护层开采保护效果影响因素较多，相关研究[54-55,105-107]表明，地应力参数及煤层群空间位置参数对保护层开采效果具有重要影响。结合矿井实际情况，选择垂直地应力、侧压系数、保护层厚度、复合岩层等效保护层间距、煤层倾角，共 5 个相对独立的保护层开采参数作为实验设计的输入参数。其中垂直地应力变化通过改变模型上边界应力来实现，水平地应力变化通过改变侧压系数来实现。

以东林煤矿上保护层开采过程中 5 个保护层开采参数的均值为中心，分别向正负方向扩展形成如表 2-1 所示的 5 维输入参数研究空间。

表 2-1 响应面模型输入参数取值范围

项目	上边界应力 /MPa	水平应力与垂直应力之比	保护层厚度 /m	等效保护层间距 /m	煤层倾角 /(°)
变化范围	5~6	1.3~1.7	1.3~2.2	30~40	43~47
平均值	5.5	1.5	1.75	35	45

2.2.2 响应面模型设计方案的确定

响应面模型需要通过一系列实验回归得到相应参数，输入参数取值范围内试验点的合理选择可以提高响应面模型准确性，减少实验点。在上保护层开采赋存条件的敏感度分析中，输入参数在变化范围均值附近的变化情况是研究重点。保护层开采自身的非线性特征及数值模拟的非线性方法导致计算结果存在较大的变异性，但在输入参数变化范围的均值位置，即响应面实验设计的参数空间中心位置时应确保较高的连续性。根据该要求，响应面模型实验设计方案采用可旋转中心合成实验设计方法（Rotatable Central Composite Design）[108-109]。对于一般实验方法，为考虑实验操作的误差，中心合成实验设计要求进行中心点的实验重复 4~5 次。由于基于数值模拟的实验方法的可重复性，实验误差可以忽略，因此中心点实验点仅取一个。可旋转的特点决定了该实验方案实验点空间分布参数 α 取值为 2.3784，每个因素含 5 个水平，总计 43 次实验。其中中心点实验 1 次（表 2-2 中编号 23）、轴点实验 10 次、分位点实验 32 次，见表 2-2。

表 2-2 数值计算实验设计表

实验顺序	A	B	C	D	E
1	35.00	45.00	1.52	5.50	1.50
2	30.00	43.00	1.80	5.00	1.65
3	30.00	47.00	2.20	6.00	1.65
4	30.00	43.00	2.20	6.00	1.65
5	40.00	47.00	2.20	5.00	1.35
6	40.00	43.00	2.20	6.00	1.65
7	30.00	43.00	1.80	6.00	1.65
8	30.00	47.00	2.20	5.00	1.35
9	40.00	47.00	1.80	6.00	1.35
10	35.00	45.00	2.00	5.50	1.86
11	40.00	47.00	2.20	6.00	1.35
12	40.00	43.00	2.20	5.00	1.65
13	30.00	47.00	1.80	6.00	1.65
14	35.00	40.24	2.00	5.50	1.50
15	30.00	47.00	2.20	5.00	1.65
16	30.00	47.00	2.20	6.00	1.35
17	23.11	45.00	2.00	5.50	1.50
18	30.00	43.00	1.80	6.00	1.35
19	40.00	47.00	1.80	6.00	1.65
20	40.00	43.00	2.20	5.00	1.35

实验顺序	A	B	C	D	E
21	40.00	47.00	1.80	5.00	1.35
22	46.89	45.00	2.00	5.50	1.50
23	35.00	45.00	2.00	5.50	1.50
24	30.00	47.00	1.80	5.00	1.65
25	40.00	43.00	1.80	5.00	1.35
26	30.00	43.00	2.20	5.00	1.35
27	30.00	43.00	1.80	5.00	1.35
28	40.00	47.00	1.80	5.00	1.65
29	35.00	49.76	2.00	5.50	1.50
30	35.00	45.00	2.00	6.69	1.50
31	40.00	47.00	2.20	6.00	1.65
32	40.00	47.00	2.20	5.00	1.65
33	40.00	43.00	2.20	6.00	1.35
34	30.00	43.00	2.20	5.00	1.65
35	40.00	43.00	1.80	6.00	1.35
36	35.00	45.00	2.00	5.50	1.14
37	40.00	43.00	1.80	5.00	1.65
38	30.00	47.00	1.80	5.00	1.35
39	35.00	45.00	2.00	4.31	1.50
40	30.00	43.00	2.20	6.00	1.35
41	40.00	43.00	1.80	6.00	1.65
42	35.00	45.00	2.48	5.50	1.50
43	30.00	47.00	1.80	6.00	1.35

表2-2中，*A*为层间距（m）；*B*为煤层倾角（°）；*C*为保护层厚度（m）；*D*为上边界应力（MPa）；*E*为侧压系数。

2.2.3 基于膨胀变形量的保护效果敏感性考察指标的确定

目前，保护层开采效果的考察指标按考察对象可分为基于瓦斯的考察指标和基于固体介质的考察指标。保护层开采后形成采空区，采动影响以围岩为介质，以煤岩形变的方式由采空区向围岩深部传递。被保护层消突作用的基础是煤层的变形，煤层的变形参数是保护层开采效果的基础指标。因此选择被保护层膨胀变形量作为保护层开采效果敏感性的基本考察指标。

参考《防治煤与瓦斯突出规定》及相关研究，如图2-5所示，将保护效果考察指标分为范围相关、位置相关、卸压程度相关3类，部分考察指标如图2-6所示。

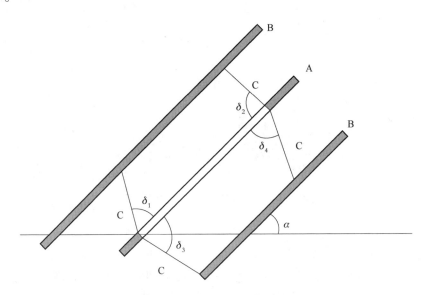

图 2-5　保护层工作面沿倾斜方向的保护范围
A—保护层；B—被保护层；C—保护范围边界线

范围相关保护效果考察指标，表征膨胀变形曲线与保护准则的关系，包括：（1）被保护层卸压范围，即被保护层垂直于层面的膨胀变形量大于0的范围；（2）被保护层充分卸压保护范围长度，参考《防治煤与瓦斯突出规定》，定义为被保护层垂直于层面的膨胀变形量大于3‰的区域倾向长度；（3）上部卸压角，即充分卸压保护范围上界与保护层开挖工作面回风巷的连线与保护层的夹角；（4）下部卸压角，即充分卸压保护范围下界与保护层开挖工作面机巷的连线与保护层的夹角。

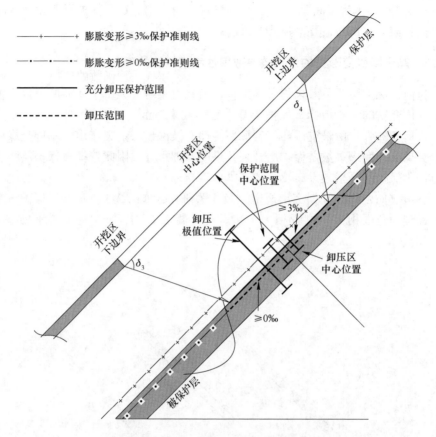

图 2-6　部分保护效果敏感度考察指标示意图

卸压程度相关考察指标，表征膨胀变形曲线的高度，包括：（1）被保护层保护范围平均膨胀变形量，即充分卸压保护范围内垂直层面的膨胀变形量的积分中值；（2）被保护层卸压范围平均膨胀变形量，即卸压范围内垂直层面的膨胀变形量的积分中值；（3）被保护层膨胀变形极值，即膨胀变形曲线上最大值。

位置相关保护效果考察指标，表征膨胀变形曲线沿层面方向的形态，包括：（1）保护范围中心位置，即充分卸压保护范围中心到保护层开挖区域中心线的距离；（2）被保护层卸压范围中心位置，即卸压范围中心到保护层开挖区域中心线的层面距离；（3）被保护层膨胀变形极值位置，即被保护层膨胀应变极值位置到保护层开挖区域中心线的层面距离。

以下将对这 10 个上保护层开采的保护效果指标的敏感度进行研究。

2.2.4　响应面功能函数的确定

响应面功能函数是进行保护层开采保护效果指标受保护层开采参数影响的敏

感度分析的基础。本节敏感度分析主要研究保护层开采效果受参数影响的总体趋势，响应面功能函数选择经典多项式[100-101]。

为在满足拟合精度的前提下尽量使功能函数保持简单，敏感度考察指标的功能函数各自拟合。以功能函数的拟合系数决定多项式功能函数的选择，尽量使用基本线性多项式作为功能函数，当线性多项式功能函数拟合效果较差时，则增加多项式阶次及影响因素的相互作用项。最终确定以下考察指标采用完全二次多项式功能函数拟合：下部卸压角、上部卸压角、倾向保护范围长度、保护范围中心位置、被保护层卸压范围长度、被保护层卸压范围中心位置、被保护层卸压范围内极值、被保护层卸压范围内极值位置；以下考察参数采用包含因素单独作用项及因素交互关系项的多项式功能函数拟合：保护范围内平均卸压程度、卸压范围内平均卸压程度。二次多项式功能函数的一般形式如式（2-11）所示，其中因素平方项系数取 0，即退化为仅包含因素项及因素交互关系项的多项式功能函数。

在构造响应面功能函数时，为方便影响因素的对比分析及减小求解过程中的截断误差，将表 2-1 中的 5 个保护层开采参数变化区间按公式线性等比例映射到区间 [−1，+1]。如上边界应力 5MPa 映射为−1，6MPa 映射为+1，其他参数处理类似。

$$X_{coded} = \frac{X_{actual} - \overline{X}}{(X_{hi} - X_{low})/2} \tag{2-10}$$

式中，X_{coded} 为归一化的输入参数；$\overline{X}$ 为输入参数均值；X_{hi}、X_{low} 分别为输入参数最大值、最小值。

归一化处理的参数作如下规定：记 A 为层间距，B 为煤层倾角，C 为保护层厚度，D 为上边界应力，E 为侧压系数，因素两两相乘表示两因素交互作用，$coeff$ 为因素对应的系数，$intercept$ 为常数项，则二次多项式响应面功能函数可表示为：

$$
\begin{aligned}
f = {}& intercept + coeff(A) \times A + coeff(B) \times B + coeff(C) \times C + \\
& coeff(D) \times D + coeff(E) \times E + coeff(AB) \times AB + \\
& coeff(AC) \times AC + coeff(AD) \times AD + coeff(AE) \times AE + \\
& coeff(BC) \times BC + coeff(BD) \times BD + coeff(BE) \times BE + \\
& coeff(CD) \times CD + coeff(DE) \times DE + coeff(A^2) \times A^2 + \\
& coeff(B^2) \times B^2 + coeff(C^2) \times C^2 + coeff(D^2) \times D^2 + \\
& coeff(E^2) \times E^2
\end{aligned}
\tag{2-11}
$$

2.3　上保护层开采有限元模型的建立

　　在保护层开采赋存条件的敏感度分析中有限元计算的作用如本书技术路线图 1-8 所示。有限元计算模拟了真实保护层开采情况，同时为响应面功能函数拟合提供了赋存条件与保护效果之间的映射。

　　采用 Ansys 有限元软件进行保护层开采数值计算。Ansys 是一款经典的大型通用有限元软件，在岩土及结构工程领域有广泛的应用。Ansys 主要有两种操作方式，一是利用其 GUI 界面，Ansys 的 GUI 界面包括如图 2-7 所示的传统 Tcl/TK 界面；二是基于 .net 的 Workbench 界面。Workbench 界面的主要功能是与 Ansys 公司后期收集的如 Fluent、CFX、ICEM CFD 等模块进行集成，但牺牲了大量经典 Tcl/TK 界面中才有的功能，如很多单元及材料属性在 Workbench 中缺失。传统的 Tcl/TK 界面中不光可通过鼠标进行建模操作，还可直接输入命令流，充分发挥 Ansys 的全部强大功能。在利用 Ansys 数值模型进行保护层参数的敏感度分析时，需要在基本模型的基础上变化大量参数，如果每次变化参数均要利用 GUI 界面重复建立模型，重复的工作量将是巨大的。这时 Ansys 自带 APDL 脚本语言功能，即命令流的参数化建模功能极大地减少了重复工作量。在利用命令流建模基本模型模板后，按实验设计改变表 2-1 中所示模型输入参数，可实现计算参数迭代和计算结果采样的自动化。

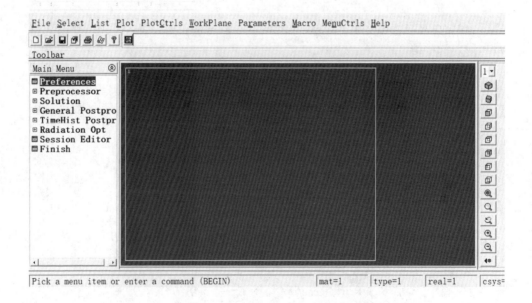

图 2-7　APDL 命令流进行保护层开采的参数化建模

有限元计算模型采用如图 2-6 所示简化的二维几何模型，单元类型选择二维 8 节点的二次变形单元的 PLANE183 单元。该单元具有平面应力、平面应变能力，可实现塑性、超弹性、蠕变等岩土力学特性的能力。材料的强度准则选择摩尔库仑准则[39-40]：

$$f_{MC}(\sigma) = \sigma_m \sin(\phi) + \frac{\sigma_e}{\sqrt{3}}\left(\cos\theta - \frac{\sin\theta\sin\phi}{\sqrt{3}}\right) - c\cos\phi \qquad (2-12)$$

式中，$\sigma_m = \dfrac{\sigma_{11} + \sigma_{22} + \sigma_{33}}{3}$ 为静水应力；$\sigma_e = \sqrt{3J_2}$；$\sin(3\theta) = -\dfrac{3\sqrt{3}}{2}\dfrac{J_3}{\sqrt{J_2^3}}$；$J_2 = \dfrac{1}{6}\left[(\sigma_{11} - \sigma_{22})^2 + (\sigma_{22} - \sigma_{33})^2 + (\sigma_{33} - \sigma_{11})^2\right] + \sigma_{12}^2 + \sigma_{23}^2 + \sigma_{13}^2$ 为第二偏主应力；$J_3 = \det(\sigma - I\sigma_m)$ 为第三偏主应力；ϕ 为内摩擦角；θ 为 Lode 角；c 为内黏聚力。

2.3.1 有限元数值计算几何模型

以表 2-1 所示保护层开采平均赋存条件的几何参数确定变参数有限元模型的基本几何模型，如图 2-8 所示。有限元计算的几何模型总体尺寸为长×高：600m×400m。

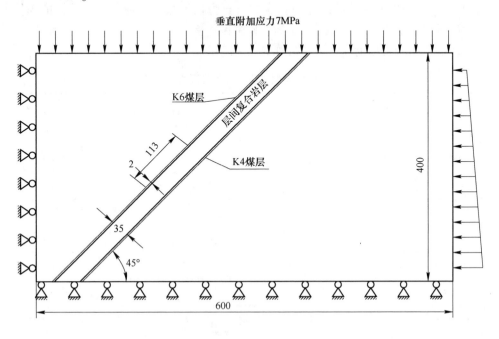

图 2-8 上保护层开采保护效果敏感性分析的二维几何模型示意图

基本几何模型中煤层与模型底边夹角为 45°，通过变化煤层与模型下边界的夹角模拟煤层倾角变化；K4、K6 煤层间距 35m，通过平移被保护层 K4 煤层位置改变 K4 与 K6 煤层间距。保护层 K6 煤层开挖区域倾向长度固定为 113m，布置于 K6 煤层中央以减小边界效应影响。根据现场采用全部垮落法处理采空区，数值模拟时在 K6 煤层工作面开挖位置设置 Ansys "生死单元"，通过 "生死单元"实现工作面开挖。通过在顶底板布置接触单元模拟，模拟开挖后采空区顶板下沉与底板的接触。

2.3.2 数值计算模型载荷及边界条件

有限元模型整体施加自重应力，下部及右侧施加对称边界条件，上边界施加垂直应力荷载补偿研究区域的矿井实际垂直地应力，右侧根据垂直地应力及侧压系数施加水平方向的斜坡应力荷载模拟水平地应力。

2.3.3 数值计算模型材料参数

有限元模型采用的材料物理力学参数主要基于现场钻孔得到的煤层柱状图和实测的岩石物理力学参数按式（2-13）计算[110]。

$$E_{rm} = E_i \left[0.02 + \frac{1 - D/2}{1 + e^{(60+15D-GSI)/11}} \right] \tag{2-13}$$

式中，E_{rm} 为岩体弹性模量；E_i 为相应的岩石弹性模量，取低应力条件上的固体变形模量 E_S；D 为扰动系数；GSI 为地质强度指标。

数值模拟所采用材料性质参数如表 2-3 所示。

表 2-3 数值模型各煤岩层的物理力学参数

岩层	容重 /kN·m⁻³	弹性模量 /MPa	泊松比	黏聚力 /MPa	内摩擦角 /MPa	抗拉强度 /MPa
粉砂岩	30	5318	0.254	6.45	34.6	3.34
K6 煤层	19.8	180	0.38	2.6	11.6	1.8
钙质页岩	25	6254	0.23	4.56	30	3.5
石灰岩	28	7030	0.26	14.8	35.4	3.79
粉砂质页岩	24.5	6025	0.28	13.5	32	3.56
硅质石灰岩	29	7867	0.226	12.1	42.7	7.1
K4 煤层	19.8	260	0.35	2.8	12.5	1.9
铝土页岩	23.5	4650	0.3	3.85	20	3.6

保护层与被保护层间存在 6 层厚度及力学性质各不相同的岩层，具有组合介质结构的力学特性，在有限元模型中通过对材料参数进行厚度加权平均简化为单一复合岩层[39,55]。

$$X = \frac{\sum\limits_{i=1}^{n} X_i l_i}{\sum\limits_{i=1}^{n} l_i} \tag{2-14}$$

2.4 数值计算结果处理与分析

2.4.1 数值计算结果处理

2.4.1.1 数值计算结果

按中心合成实验设计，共进行了 43 次数值模拟实验，得到了大量数值计算结果。为节约篇幅，此处仅给出参数取值为中心合成实验设计参数中心位置时的垂直于煤层层面方向的应变云图 2-9 和被保护层膨胀变形曲线图 2-10。

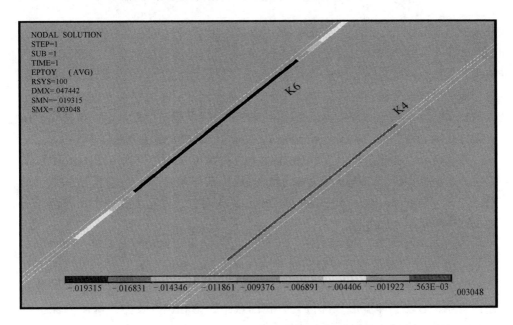

图 2-9　保护层开采平均赋存条件时的应变分布

图 2-9 中，保护层工作面开挖以后，上下两帮均出现应变极小值。这是因为工作面开挖之前承担的上覆岩层应力向上下两侧煤帮转移，导致上下两侧煤体压

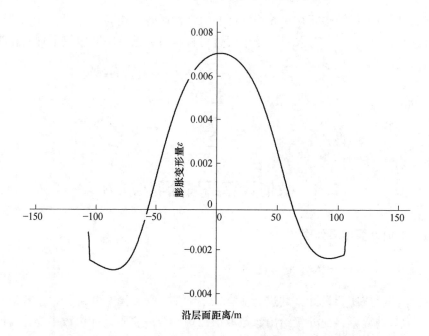

图 2-10 保护层开采平均赋存条件下被保护层膨胀变形曲线

缩变形。随着距开挖区域距离的增加，K6 煤层上下两侧煤帮应力集中逐渐降低，最终趋近于原始地应力。位于保护层开挖区域垂直下面的层间岩层应变较小，而被保护层膨胀应变较大，形成了大于 3‰ 的保护区域。这是因为层间岩层弹性模量相对煤层高一个数量级，保护层工作面采动作用下层间岩层主要表现为向采空区的整体移动，而膨胀变形量较小。由于被保护层煤层弹性模量小，当层间岩层的整体移动为被保护层提供变形空间时，K4 煤层主要表现为膨胀变形。

在 Ansys 中通过在 K4 被保护层单元上进行路径采样，得到了图 2-10 所示保护层开采后被保护层内垂直于煤层层面的膨胀变形量分布。图中纵轴垂直于煤层，并通过保护层开挖区域中心。横轴与层面平等，正向指向煤层上山方向，横轴负向指向煤层下山方向。

从图 2-10 中可知，被保护层沿煤层倾向的膨胀变形曲线整体呈 "钟" 形，其他 42 个实验方案的膨胀变形曲线大体与此类似。膨胀变形曲线在纵轴两侧总体相似，但两侧最小值，即应力集中位置与曲线和横轴的截距、卸压范围等方面存在差异。通过 "钟" 形顶部位置、底部截距的中心位置及曲线两侧的保护范围上下边界可确定膨胀变形的整体形态。

2.4.1.2 主要考察参数计算结果

主要考察参数计算结果见表 2-4 和表 2-5。

表 2-4 主要考察参数计算结果（一）

计算序列	下保护角/(°)	上保护角/(°)	倾向保护范围长度/m	保护范围内平均卸压程度	保护范围中心位置/m
1	67.24	74.37	88.0	5.76×10^{-3}	2.6
2	65.83	74.38	90.6	6.13×10^{-3}	2.7
3	69.01	77.53	94.4	6.84×10^{-3}	2.6
4	68.36	77.00	93.7	6.64×10^{-3}	2.7
5	68.08	73.20	84.3	5.03×10^{-3}	2.2
6	70.54	79.30	90.9	5.93×10^{-3}	3.5
7	67.56	75.94	92.6	6.62×10^{-3}	2.6
8	66.30	71.15	89.0	5.60×10^{-3}	1.6
9	69.42	74.63	86.5	5.40×10^{-3}	2.2
10	69.45	77.23	91.5	6.48×10^{-3}	2.8
11	70.04	75.55	87.7	5.42×10^{-3}	2.3
12	68.56	77.55	88.0	5.51×10^{-3}	3.6
13	68.20	76.65	93.4	6.82×10^{-3}	2.6
14	67.65	74.37	88.3	5.62×10^{-3}	2.5
15	67.08	75.94	92.3	6.35×10^{-3}	2.8
16	68.04	73.34	91.4	6.06×10^{-3}	1.7
17	65.05	71.90	94.1	6.54×10^{-3}	1.8
18	67.24	71.82	90.0	5.93×10^{-3}	1.5
19	70.54	79.03	90.7	6.07×10^{-3}	3.4

计算 序列	下保护角 /(°)	上保护角 /(°)	倾向保护范围 长度/m	保护范围内平均 卸压程度	保护范围中心 位置/m
20	67.84	72.69	83.7	4.95×10^{-3}	2.1
21	67.48	72.43	83.2	5.01×10^{-3}	2.1
22	69.83	77.34	84.8	5.04×10^{-3}	3.5
23	68.06	75.57	89.4	5.79×10^{-3}	2.7
24	66.45	74.89	91.3	6.32×10^{-3}	2.7
25	67.24	71.80	82.5	4.93×10^{-3}	2.0
26	65.99	70.65	88.5	5.50×10^{-3}	1.6
27	65.37	69.66	87.5	5.49×10^{-3}	1.5
28	68.56	77.28	87.8	5.65×10^{-3}	3.5
29	68.61	76.17	90.2	5.95×10^{-3}	2.7
30	70.02	78.00	92.4	6.32×10^{-3}	2.8
31	71.17	79.84	91.8	6.10×10^{-3}	3.4
32	69.17	78.08	88.9	5.68×10^{-3}	3.6
33	69.79	75.02	87.1	5.33×10^{-3}	2.2
34	66.45	75.24	91.5	6.16×10^{-3}	2.8
35	69.17	74.11	85.9	5.31×10^{-3}	2.1
36	67.10	68.61	83.9	5.04×10^{-3}	0.7
37	67.96	76.74	86.9	5.48×10^{-3}	3.6
38	65.52	70.32	88.0	5.59×10^{-3}	1.6

计算序列	下保护角/(°)	上保护角/(°)	倾向保护范围长度/m	保护范围内平均卸压程度	保护范围中心位置/m
39	65.76	72.60	85.7	5.27×10^{-3}	2.6
40	67.88	72.83	91.0	5.94×10^{-3}	1.6
41	69.92	78.49	89.8	5.90×10^{-3}	3.4
42	68.89	76.63	90.7	5.81×10^{-3}	2.8
43	67.40	72.32	90.4	6.04×10^{-3}	1.6

表2-5 主要考察参数计算结果（二）

计算序列	卸压范围长度/m	卸压范围内平均卸压程度	卸压范围中心位置/m	卸压范围内极值	卸压范围内极值位置/m
1	116.6	4.72×10^{-3}	3.0	6.99×10^{-3}	2.8
2	114.5	5.17×10^{-3}	3.1	7.43×10^{-3}	2.9
3	115.6	5.86×10^{-3}	3.0	8.42×10^{-3}	2.5
4	115.7	5.66×10^{-3}	3.1	8.15×10^{-3}	1.7
5	122.3	3.94×10^{-3}	2.7	5.99×10^{-3}	2.5
6	121.7	4.80×10^{-3}	4.2	7.31×10^{-3}	3.1
7	114.4	5.65×10^{-3}	3.0	8.13×10^{-3}	1.8
8	116.1	4.65×10^{-3}	2.0	6.68×10^{-3}	1.4
9	120.7	4.30×10^{-3}	2.6	6.53×10^{-3}	2.5
10	117.1	5.39×10^{-3}	3.7	8.08×10^{-3}	2.9

计算序列	卸压范围长度/m	卸压范围内平均卸压程度	卸压范围中心位置/m	卸压范围内极值	卸压范围内极值位置/m
11	122.2	4.31×10^{-3}	2.7	6.56×10^{-3}	2.5
12	121.8	4.40×10^{-3}	4.3	6.70×10^{-3}	4.2
13	114.3	5.85×10^{-3}	3.0	8.40×10^{-3}	2.4
14	118.3	4.58×10^{-3}	2.9	6.79×10^{-3}	2.8
15	115.6	5.37×10^{-3}	3.1	7.75×10^{-3}	3.6
16	116.1	5.09×10^{-3}	2.0	7.32×10^{-3}	1.4
17	112.5	5.72×10^{-3}	2.1	7.76×10^{-3}	0.7
18	115.1	4.97×10^{-3}	1.8	7.15×10^{-3}	0.7
19	120.0	4.95×10^{-3}	4.0	7.51×10^{-3}	3.6
20	122.6	3.85×10^{-3}	2.5	5.86×10^{-3}	2.0
21	120.8	3.92×10^{-3}	2.6	5.96×10^{-3}	2.5
22	126.7	3.86×10^{-3}	4.5	6.05×10^{-3}	3.7
23	118.4	4.74×10^{-3}	3.2	7.03×10^{-3}	2.8
24	114.3	5.35×10^{-3}	3.1	7.71×10^{-3}	3.6
25	121.1	3.84×10^{-3}	2.5	5.83×10^{-3}	2.0
26	116.4	4.55×10^{-3}	1.9	6.54×10^{-3}	0.7
27	115.0	4.54×10^{-3}	1.8	6.53×10^{-3}	0.6
28	120.1	4.53×10^{-3}	4.2	6.90×10^{-3}	3.7
29	118.1	4.90×10^{-3}	3.2	7.27×10^{-3}	3.1

计算序列	卸压范围长度/m	卸压范围内平均卸压程度	卸压范围中心位置/m	卸压范围内极值	卸压范围内极值位置/m
30	118.3	5.26×10^{-3}	3.2	7.80×10^{-3}	2.8
31	121.5	4.97×10^{-3}	4.1	7.55×10^{-3}	3.6
32	121.5	4.55×10^{-3}	4.3	6.94×10^{-3}	3.7
33	122.5	4.22×10^{-3}	2.6	6.42×10^{-3}	2.0
34	115.8	5.18×10^{-3}	3.1	7.47×10^{-3}	2.9
35	121.1	4.20×10^{-3}	2.5	6.39×10^{-3}	2.0
36	118.6	4.01×10^{-3}	0.9	5.95×10^{-3}	0.5
37	120.4	4.37×10^{-3}	4.2	6.65×10^{-3}	4.2
38	114.9	4.64×10^{-3}	1.9	6.67×10^{-3}	1.3
39	118.2	4.23×10^{-3}	2.9	6.27×10^{-3}	2.8
40	116.4	4.98×10^{-3}	1.8	7.16×10^{-3}	0.7
41	120.3	4.78×10^{-3}	4.1	7.27×10^{-3}	3.1
42	120.0	4.75×10^{-3}	3.3	7.06×10^{-3}	2.8
43	114.8	5.08×10^{-3}	1.9	7.30×10^{-3}	1.3

以倾向保护范围长度为例，真实实验参数表示的倾向保护范围长度的响应面功能函数为：

倾向保护范围长度 $= 51.04944 - 1.73788 \times$ 层间距 $+ 0.42286 \times$ 煤层倾角 $+$
$3.06791 \times$ 保护层厚度 $+ 4.89723 \times 10^{-6} \times$ 上边界应力 $+$
$35.22162 \times$ 侧压系数 $+ 4.0625 \times 10^{-3} \times$ 层间距 $\times$ 煤层倾角 $+$
$0.034375 \times$ 层间距 $\times$ 保护层厚度 $+ 8.625 \times 10^{-8} \times$ 层间距 $\times$
上边界应力 $+ 0.41250 \times$ 层间距 $\times$ 侧压系数 $- 7.81250 \times 10^{-3} \times$
煤层倾角 $\times$ 保护层厚度 $- 9.375 \times 10^{-9} \times$ 煤层倾角 $\times$

$$上边界应力+0.23958×煤层倾角×侧压系数+$$
$$9.375×10^{-8}×保护层厚度×上边界应力-0.31250×$$
$$保护层厚度×侧压系数-1.375×10^{-6}×上边界应力×$$
$$侧压系数+2.06678×10^{-4}×层间距^2-7.54710×10^{-3}×$$
$$煤层倾角^2-0.31277×保护层厚度^2-2.62175×10^{-13}×$$
$$上边界应力^2-13.51966×侧压系数^2$$

上式对应的输入参数按式（2-10）进行归一化处理后的倾向保护范围长度的响应面功能函数为：

$$倾向保护范围长度=89.49-1.89×A+0.36×B+0.54×C+1.37×D+1.75×E+$$
$$0.041×AB+0.034×AC+0.22×AD+0.31×AE-$$
$$3.125×10^{-3}×BC-9.375×10^{-3}×BD+0.072×BE+$$
$$9.375×10^{-3}×CD-9.375×10^{-3}×CE-0.10×DE+$$
$$5.167×10^{-3}×A^2-0.030×B^2-0.013×C^2-0.066×D^2-0.30×E^2$$

$$(2-15)$$

表 2-6 中列出了所有的 5 个赋存参数归一化后的多项式响应面功能函数中的系数取值。表中每一列为一个考察指标的功能函数，每一行为因素对应的系数。通过代入具体的保护层开采参数可得到实际的保护效果指标，大量节省了数值计算的工作量。例如，通过沿煤层走向进行赋存条件变化进行采样回归，得到煤层赋存条件沿走向的变化函数，代入表 2-6 对应的响应面函数，即可得到卸压角及保护范围在煤层走向上的变化函数。

表 2-6 中保护效果指标均未作归一化处理，是带单位的：角度指标单位为°；膨胀程度单位为 1；位置参数单位为 m，大于 0 说明位置偏上山方向，小于 0 说明位置偏下山方向。

表 2-6 响应面功能函数表

影响因素	考察指标									
	下边界卸压角 /(°)	上边界卸压角 /(°)	倾向保护范围长度 /m	保护范围内平均膨胀程度	保护范围中心位置 /m	卸压范围长度 /m	卸压范围内平均膨胀程度	卸压范围中心位置 /m	卸压范围内极值	卸压范围内膨胀极值位置 /m
常数项	68.15	75.602	89.487	$5.80×10^{-3}$	2.677	118.272	$4.76×10^{-3}$	3.134	$7.06×10^{-3}$	2.678
A	1.020	1.132	-1.894	$-3.21×10^{-4}$	0.344	2.987	$-3.94×10^{-4}$	0.464	$-3.81×10^{-4}$	0.573
B	0.209	0.306	0.356	$6.90×10^{-5}$	0.026	-0.103	$6.79×10^{-5}$	0.030	$1.00×10^{-5}$	0.190
C	0.332	0.457	0.543	$1.05×10^{-5}$	0.032	0.695	$8.22×10^{-6}$	0.044	$1.42×10^{-5}$	0.007

影响因素	考察指标									
	下边界卸压角/(°)	上边界卸压角/(°)	倾向保护范围长度/m	保护范围内平均膨胀程度	保护范围中心位置/m	卸压范围长度/m	卸压范围内平均膨胀程度	卸压范围中心位置/m	卸压范围内极值	卸压范围内膨胀极值位置/m
D	0.936	1.021	1.368	2.19×10^{-4}	0.003	-0.013	2.14×10^{-4}	-0.009	3.14×10^{-4}	-0.159
E	0.420	1.74	1.754	3.25×10^{-4}	0.569	-0.327	3.16×10^{-4}	0.661	4.72×10^{-4}	0.697
AB	0.004	-0.009	0.041	-5.81×10^{-6}	-0.002	-0.025	-6.26×10^{-6}	0.000	-6.52×10^{-6}	-0.109
AC	-0.020	-0.031	0.034	2.17×10^{-6}	0.002	0.038	2.22×10^{-6}	0.006	3.87×10^{-6}	-0.009
AD	0.032	0.031	0.216	-1.73×10^{-5}	-0.002	-0.012	-1.74×10^{-5}	-0.006	-1.71×10^{-5}	0.066
AE	0.067	0.043	0.309	-2.52×10^{-5}	0.070	-0.044	-2.61×10^{-5}	0.103	-2.56×10^{-5}	-0.066
BC	0.006	-0.008	-0.003	1.65×10^{-7}	-0.005	0.000	4.28×10^{-9}	0.000	1.26×10^{-7}	0.009
BD	-0.002	-0.007	-0.009	1.95×10^{-6}	-0.002	0.000	2.73×10^{-6}	0.000	1.14×10^{-6}	0.059
BE	0.101	0.007	0.072	2.08×10^{-5}	-0.036	0.019	2.00×10^{-5}	-0.041	3.06×10^{-5}	-0.059
CD	0.009	0.014	0.009	-3.79×10^{-7}	0.002	0.000	-6.45×10^{-8}	0.000	-1.21×10^{-6}	-0.003
CE	0.007	-0.008	-0.009	2.41×10^{-6}	-0.008	-0.006	1.57×10^{-6}	-0.003	2.87×10^{-6}	-0.009
DE	0.000	-0.127	-0.103	9.48×10^{-6}	-0.048	-0.006	1.16×10^{-5}	-0.028	1.30×10^{-5}	-0.222
A^2	-0.113	-0.169	0.005		-0.012	0.218		0.012	-2.39×10^{-5}	-0.101
B^2	0.009	-0.054	-0.030		-0.021	-0.030		-0.033	-1.56×10^{-6}	0.032
C^2	-0.003	-0.014	-0.013		-0.003	-0.012		-0.006	-1.77×10^{-6}	0.005
D^2	-0.035	-0.049	-0.066		-0.003	-0.021		-0.028	3.67×10^{-7}	0.005
E^2	0.035	-0.469	-0.304		-0.176	-0.092		-0.161	-4.16×10^{-6}	-0.189

2.4.2 响应面功能函数回归效果检验

各保护层开采效果指标与赋存条件的拟合功能函数所对应的拟合系数如

表 2-7 所示，所有的拟合系数及修正拟合系数均达到 0.91 以上，说明所选 10 项保护效果指标的多项式响应面功能函数回归效果均较好。

表 2-7 响应面功能函数回归效果

保护效果指标	拟合系数	修正拟合系数
下部卸压角	0.9978	0.9958
上保护角	0.9938	0.9882
倾向保护范围长度	0.9985	0.9972
保护范围内平均卸压程度	0.9989	0.9983
保护范围中心位置	0.9849	0.9712
卸压范围长度	0.9994	0.9988
卸压范围内平均卸压程度	0.9983	0.9973
卸压范围中心位置	0.9909	0.9827
卸压范围内极值	0.9987	0.9976
卸压范围内极值位置	0.9533	0.9108

2.4.3 保护效果指标的敏感度分析

本节主要研究上保护层开采平均赋存条件下参数变化对保护效果的影响，因此定义敏感度为实验方案中心点，即 A、B、C、D、E 分别取值为 0 时的响应面功能函数的偏导数：

$$s = \left\{ \frac{\partial Y}{\partial X_i} \right\}_{X^0} \tag{2-16}$$

式中，s 为敏感度；Y 为保护效果指标的响应面功能函数；X^0 为中心合成实验设计的中心点。

从式（2-11）的可知，实验方案中心点处的对归一化输入参数的偏导数，即式（2-16）中表示的敏感度分别为式（2-11）中前 5 项的系数，即表 2-6 中的 A、B、C、D、E 行就是 5 个考察因素的偏导数。

为便于讨论，将保护效果考察指标分为范围相关、位置相关、卸压程度相关 3 类。范围相关的保护效果考察指标包括：被保护层卸压范围长度、上部卸压角、下部卸压角、倾向保护范围长度；位置相关保护效果考察指标包括：保护范围中心位置、被保护层卸压范围中心位置、被保护层膨胀变形极值位置；卸压程度相关考察指标包括：保护范围平均膨胀变形量、被保护层卸压范围平均膨胀变形量、被保护层膨胀变形极值。从表 2-6 可知，卸压程度相关考察指标的局部敏感度数量级均小于 10^{-3}，对 5 个保护层开采参数均不敏感，因此不作分析。

2.4.3.1 直接保护效果考察指标的敏感度分析

倾向卸压角和倾向保护范围长度是保护层开采效果最重要、最直接的考察指标。在通过调查确定了区域保护层开采赋存条件的变异性的情况下，结合相应的敏感度，可预测倾向卸压角和倾向保护范围的变化区间，是对确定性的保护层效果研究的重要补充。

从图 2-11 中可知倾向保护范围长度受层间距影响最敏感，敏感度为 -1.89；下部卸压角受层间距影响最敏感，敏感度为 1.02；上部卸压角受侧压系数影响最敏感，敏感度为 1.7。因此保护层工作面的层间距变化较大或构造引起地应力急剧改变的区域应对保护范围留设较大的安全系数。

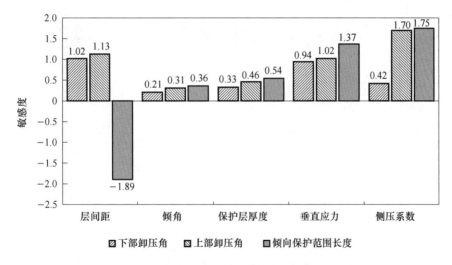

图 2-11 上下部卸压角及倾向保护范围长度敏感度分析图

上部卸压角和下部卸压角受层间距的敏感度均超过 1，而倾向保护范围长度受层间距局部敏感度为负，说明随层间距增加，上部卸压角与下部卸压角增大而倾向保护范围长度减小。

除开侧压系数，将图 2-11 按赋存条件进行分组，通过组内对比可知保护效果指标间局部敏感度存在类似的特征：倾向保护范围长度>上部卸压角>下部卸压角；通过组间对比可知保护层开采保护效果指标对赋存条件的局部敏感度总体为层间距>垂直应力>保护层厚度>煤层倾角。

根据对倾向卸压角、倾向保护范围长度受不同的保护层开采参数的敏感度的分析，以侧压系数表示的构造应力与保护层开采层间距是影响保护层开采效果的最显著的因素，对这两个因素的深入研究将促进保护层开采技术体系的深入认识。

2.4.3.2 膨胀变形保护准则的影响分析

被保护层倾向卸压范围长度与倾向保护范围长度均属于范围相关的保护效果考察指标。从图 2-12 可知被保护层卸压范围长度受层间距最敏感，局部敏感度为 2.99，受其他 4 个保护层开采参数敏感度为负，且均较小。

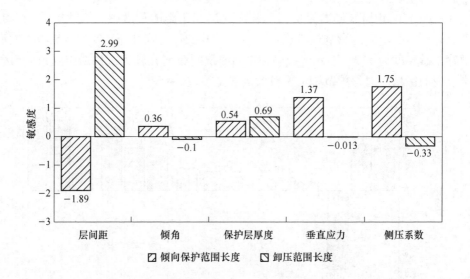

图 2-12　倾向保护范围长度、卸压范围长度敏感度分析图

倾向保护范围长度与卸压范围长度区别在被保护层于垂直层面的膨胀变形量的不同。从图 2-12 中可知倾向保护范围长度与被保护层卸压范围长度对于除了保护层开采厚度以外的 4 个保护层开采参数的敏感度均为异号，说明出现了这两个保护效果指标变化趋势相异的情况。因此，膨胀变形量从零逐渐提高到膨胀变形保护准则，倾向保护范围长度对层间距的敏感度必存在符号改变的趋势转折点。倾向保护范围长度局部敏感度为正、被保护层卸压范围长度敏感度为负则存在凹性极值点，反之则存在凸性极值点。

从图 2-12 可知，膨胀变形保护准则从 0‰提高至 3‰，倾向保护范围长度受层间距的敏感度存在凸性极值点，受倾角、保护层厚度、垂直应力、侧压系数的敏感度均存在凹性极值点。

2.4.3.3 位置相关保护效果考察指标敏感度分析

从图 2-13 可知, 位置相关指标受侧压系数的敏感度最高, 受层间距的敏感度次之, 但对于 5 个保护层开采参数的敏感度均小于 1, 小于范围相关保护效果指标的敏感度。说明膨胀变形曲线的总体形态及被保护区域内的卸压分布对保护层开采赋存条件的敏感度不及上下部卸压角及保护范围长度。

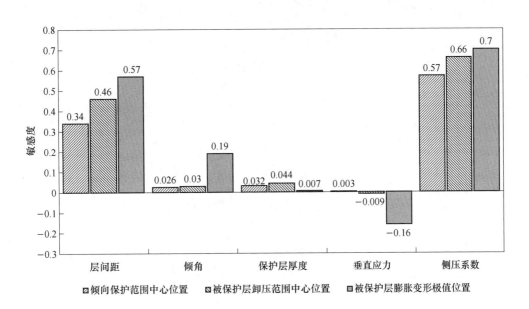

图 2-13 保护层开采效果位置相关指标的敏感度分析图

2.5 本章小结

（1）针对多保护层开采效果指标和多影响因素数量增加了保护层开采效果研究的研究复杂性的问题, 建立了突出煤层群上保护层开采保护效果的二次多项式响应面模型。在响应面模型中输入具体保护层开采赋存条件, 可以得到相应的保护效果指标, 替代实际的数值计算, 大量节省了数值计算的工作量并方便了数值计算结果在工程中的直接使用。

（2）通过对响应面模型求偏导得到了平均赋存条件下保护效果受开采参数变化的敏感度进行了量化研究。其中倾向保护范围长度、上部卸压角、下部卸压角均受层间距变化影响最敏感, 敏感度分别为-1.89、1.75、1.02; 位置相关保护效果指标敏感度均小于 0.7; 卸压程度相关保护效果指标受开采参数变化影响均不敏感，敏感度数量级均小于 10^{-3}。因此该矿区对层间距变化较大区域应留设足够安全系数。

（3）对比被保护层卸压范围与保护范围的局部敏感度得到膨胀变形保护准则从零逐渐增加，存在局部敏感度符号改变的趋势转折点。其中层间距局部敏感度出现凸性极值点；倾角、保护层厚度、垂直应力、侧压系数均出现凹性极值点。说明了随着保护范围膨胀变形指标的改变，保护层开采效果受赋存条件改变影响程度将非线性变化。

3 煤层群上保护层开采不同层间距保护效果变化规律的物理相似模拟研究

保护层开采后围岩变形破坏的特点决定了下伏岩层变形破坏作用的范围和强度均要低于上覆岩层，从而上保护层开采相比下保护层开采具有对被保护层开采条件破坏较小的特点，因此在近距离煤层群保护层开采时应优先选择上保护层。国内外学者从现场考察、数值模型、理论分析等方面对上保护层开采进行了大量研究，取得了一系列的成果[30,58,111-112]。

上保护层开采下伏岩层的应力释放范围和强度均较小，下被保护层中的卸压消突效果随着煤层间距增加降幅较大。前一章中上保护层开采各保护效果指标受煤层群赋存条件影响的敏感度显示层间距对上保护层开采上下卸压角及倾向保护范围影响显著，因此对下被保护层的卸压程度、卸压范围与层间距关系的研究具有重要意义。

针对《防治煤与瓦斯突出规定》中给出上保护层开采最大保护垂距过于笼统，难以反映保护效果与层间距的关系，一些学者通过统计或数值模拟的方法划分区带，定性地研究层间距对上保护层保护效果的影响。刘洪永、程远平等[55]对全国主要保护层开采矿井进行统计的基础上，提出以当量相对层间距作为指标的保护层分类判定法，并将下保护层细分为近距离、远距离和超远距离三类，上保护层细分为近距离和远距离两类。杨威[113]为研究上保护层开采层间距对保护效果的影响，采用 FLAC[3D]数值计算的方法，根据岩层三向应力状态将近水平煤层保护层开采下伏岩层沿垂向定性地划分为三维卸压带、一维卸压带、原始应力带。雷文杰、汪国华等[114]考虑底板塑性剪切面的存在并利用有限元强度折减法计算尝试获得上保护层开采的有效间距。以往关于上保护层开采层间距对保护效果的研究多将卸压角作为考察指标，采用数值模拟、现场考察方法且多为近水平条件下的研究。数值模拟可以精确量化但还不能完全模拟岩石岩体的变形破坏，对保护效果所受煤岩层变形破坏过程的影响不能充分考虑[26]；现场考察最接近实际情况，但工程现场条件复杂，难以排除其他因素影响，确保测试结果变化仅由层间距改变产生；仅作近水平条件下的保护层开采研究则忽略了煤层倾角对保护效果的影响。

为系统研究上保护层开采层间距因素对保护效果的影响，这里采用物理相似模拟实验的方法，以南桐矿区某矿 C6 煤层上保护层为实验原型，进行三次不同层间距的相似模拟实验［近距离（25m）、远距离（45m）、超远距离（65m）］[55,113-114]，研究上保护开采倾斜方向的保护效果随煤层间距的变化规律。

3.1 物理相似模拟材料研究

3.1.1 物理相似模拟理论

物理相似模拟实验能够达到与原型问题的相似的充要条件是要求满足相似模拟三定理[45]，分别为：单值条件相似、"π 定理""近似模化"。

相似第一定理是指：相似现象的相似准则相同，相似指标等于 1，且单值条件（uniquity conditions）相似。单值条件包括：几何条件、物理条件、边界条件及初始条件。

相似第二定理也称"π 定理"：如果现象相似，描述此现象的各种参量之间的关系可转换成相似准则之间的函数关系，且相似现象的相似准则函数关系相同。描述相似现象的物理方程：

$$f(a_1, a_2, \cdots, a_k, a_{k+1}, a_{k+2}, \cdots, a_n) = 0$$

可用无因次相似准则的方程 F 表示：

$$F(\pi_1, \pi_2, \cdots, \pi_{n-k}) = 0$$

式中 $a_1, a_2, \cdots, a_k$——基本量；

$a_{k+1}, a_{k+2}, \cdots, a_n$——导出量；

$\pi_1, \pi_2, \cdots, \pi_{n-k}$——相似准数。

相似第三定理：当两个现象的单值条件相似，并可被相同的关系式描述，同时由此单值条件组成的相似准数相等时，则该两个现象相似。然而由于实验条件及相似材料限制，使相似条件能够完全满足第三定理并不现实。应根据研究目的，抓住研究问题的主要矛盾，适当放宽次要影响因素的要求，即"近似模化"。

保护层开采中被保护层的膨胀变形引起的卸压作用是煤层消突的根本原因，因此保护层开采的相似模拟实验需在确定几何尺寸相似的前提下保证满足力学相似和变形相似，即保证以下参数相似[115]：

$$\sigma_{拉 m} = (L_m/L_0) \times (\gamma_m/\gamma_0) \times \sigma_{拉 0} \tag{3-1}$$

$$\sigma_{压 m} = (L_m/L_0) \times (\gamma_m/\gamma_0) \times \sigma_{压 0} \tag{3-2}$$

$$C_m = (L_m/L_0) \times (\gamma_m/\gamma_0) \times C_0 \tag{3-3}$$

$$\tan\varphi_m = \tan\varphi_0 \tag{3-4}$$

$$E_{\mathrm{m}} = (L_{\mathrm{m}}/L_0) \times (\gamma_{\mathrm{m}}/\gamma_0) \times E_0 \tag{3-5}$$

$$\nu_{\mathrm{m}} = \nu_0 \tag{3-6}$$

式中　$\sigma_{拉\mathrm{m}}, \sigma_{拉0}$——分别为模型和原型抗拉强度，MPa；

　　　$\gamma_{\mathrm{m}}, \gamma_0$——分别为模型和原型容重，MN/m^3；

　　　$\sigma_{压\mathrm{m}}, \sigma_{压0}$——分别为模型和原型抗压强度，MPa；

　　　C_{m}, C_0——分别为模型和原型黏聚力，MPa；

　　　$\varphi_{\mathrm{m}}, \varphi_0$——分别为模型和原型内摩擦角，（°）；

　　　E_{m}, E_0——分别为模型和原型弹性模量，MPa；

　　　ν_{m}, ν_0——分别为模型和原型泊松比。

3.1.2　物理相似模拟材料物理力学性质研究

采用相似模拟研究方法对研究的工程问题进行比例缩小，为满足相似理论要求，相似模型所使用的材料力学性质与所研究的工程原型的材料物理力学性质应满足一定的比例。相似材料能否满足模型试验需要对模型对原型模拟的真实性、模型试验结果的准确性具有重要影响。

常见的煤系岩层主要包括煤炭、泥岩、页岩、石灰岩、砂岩等，这些岩层物理力学性质各不相同，且岩性差异较大。在一定模型比例条件下，要求相似材料能够模拟原始状态下的煤层顶底板各岩层体的各项的物理力学参数，这对相似材料的配比提出了较高的要求。

实际上，很难找到一种能够与煤层地层岩石的力学性质恰好构成相似比例的天然材料。相似材料多通过复合几个基本材料，经一定的制作工序制作而成，以达到或接近相似比例下的材料参数要求。这些基本材料要求通过比例的微小变动即可使成型后的相似材料的力学性质产生较大的改变。由于用量较大，这些基本材料还要求经济、易于获取。常见的相似材料有河砂、石膏粉、碳粉、云母粉等，如图 3-1 所示。其中云母粉常撒在模型中，利用其摩擦系数小的性质模拟地质构造和层理。

研究表明相似材料砂胶比、密度、含水量对其力学性质的影响显著，以下将通过正交试验确定材料力学性质与这些参数间的函数关系式，从而根据几何相似比对力学相似性的要求，确定相似材料的具体制作参数。

本次实验选择河砂、石膏和石灰作为相似模拟材料。在正交设计中将砂胶比（细河砂/石膏）、含水量和密度作为 3 个因素，每个因素设置 4 个水平，见表 3-1。设计 16 组试验，正交表为 L_{16}（4^3）（表 3-2），每组试验准备 3 个试件，共计 48 个试件，取组内均值作为实验结果。

石灰粉

河砂

石膏粉

云母粉

(a)

(b)

图 3-1　主要相似材料原料

（a）相似材料主料；（b）构造及层理相似材料

表 3-1　相似材料正交设计水平

水平	砂胶比	密度/kg·m^{-3}	含水量/%
1	6	1550	5
2	8	1600	3
3	10	1650	2
4	12	1700	1

注：砂胶比即为细河砂/石膏。

表 3-2 相似材料正交设计方案

试验组数	砂胶比	密度/kg·m^{-3}	含水量/%
1	6	1550	5
2	6	1600	3
3	6	1650	2
4	6	1700	1
5	8	1550	3
6	8	1600	5
7	8	1650	1
8	8	1700	2
9	10	1550	2
10	10	1600	1
11	10	1650	5
12	10	1700	3
13	12	1550	1
14	12	1600	2
15	12	1650	3
16	12	1700	5

相似材料制作模具及力学性能测试如图 3-2、图 3-3 所示。

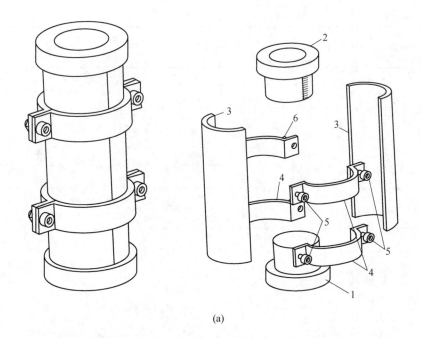

(a)

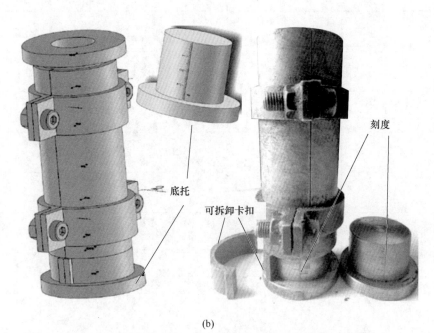

(b)

图 3-2   相似材料制作模具图

（a）相似材料制作模具设计图；（b）相似材料制作模具渲染图和实际照片

1—模具底托；2—带刻度顶盖；3—半圆筒；4—抱箍；5—紧固螺丝；6—紧固螺母

图 3-3　相似材料试件制作及力学性能测试

试件实验结果如表 3-3 所示。

表 3-3　相似材料正交试验结果

试验序号	单轴抗压强度/MPa	弹性模量/MPa	泊松比
1	0.442	91.23	0.251
2	0.504	81.665	0.254
3	0.821	217.83	0.213
4	1.202	261.835	0.243
5	0.27	48.75	0.235
6	0.416	74.36	0.296
7	0.572	96.415	0.194
8	0.731	166.22	0.284
9	0.315	59.22	0.19
10	0.333	65.505	0.186
11	0.181	27.36	0.311
12	0.354	53.88	0.316
13	0.193	47.02	0.149
14	0.206	38.5	0.202
15	0.239	40.6	0.286
16	0.267	43.835	0.343

表 3-3 中，试件的单轴抗压强度分布在 0.181~1.202MPa；弹性模量分布在 27.36~261.835MPa；泊松比分布在 0.149~0.343 之间。可以看出，相似材料的物理性质变化范围比较广，便于根据力学参数相似比确定材料的配比。

通过对表 3-3 进行多元回归，可得到将单轴抗压强度、弹性模量和泊松比分别与砂胶比、含水量、密度 3 个因素进行多因素回归方程。设密度为 x、含水量为 y、砂胶比为 z，得到回归方程如下：

$$F = -2.13 + 0.00218x - 6.57y - 0.0875z$$
$$E = -462 + 0.480x - 1703y - 20.3y \tag{3-7}$$
$$\nu = -0.762 + 0.000574x + 2.73y$$

式中　F——单轴抗压强度，MPa；

　　　E——弹性模量，MPa；

　　　ν——泊松比。

3.1.3　模型实验相似材料的确定

根据保护层开采原型尺度与相似模型架有效尺寸（2000mm×2000mm×300mm），确定几何相似比为 1:100。为同时满足变形相似和力学相似，在计算模型几何相似比之后，确定相似材料的力学参数及相应的材料配比[44]。

3.1.3.1　相似模型保护层间岩性的处理

在上保护层 C6 与被保护层 C4 间存在 6 层物理力学性质不同厚度各异的岩层，改变层间距必须引起层间每一岩层厚度的变化，造成了层间距对上保护层保护效果研究的困难。相关研究表明，采用厚度加权平均方法将多层岩层合为一复合介质岩层或引入层间硬岩含量系数构建简化模型仍可以体现层间岩层整体力学性质[39,55]，如图 3-4 所示。

本节选择采用厚度加权平均方法消除层间岩性因素的影响，即

$$X = \frac{\sum_{i=1}^{n} X_i l_i}{\sum_{i=1}^{n} l_i} \tag{3-8}$$

式中　X_i——复合岩层中第 i 分层的某物理力学参数在该复合岩层的加权平均值；

　　　l_i——复合岩层中第 i 分层的厚度；

　　　n——复合岩层中的自然地质分层数。

表 3-5 中层间复合岩层综合了表 3-4 中 C4、C6 间各岩层物理力学性质。

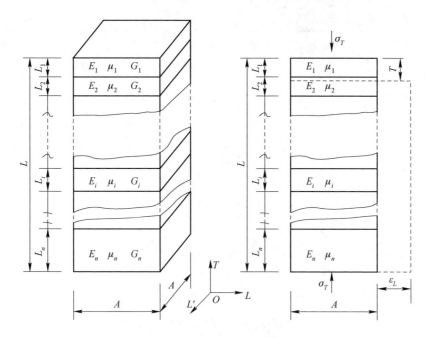

图 3-4 层状复合岩层示意图

3.1.3.2 相似材料配比的确定

对回归所得相似材料力学性质与材料制作参数间的回归关系式（3-7）求逆，可以反推出以配比、密度、残余含水量表示的相似材料的力学参数的经验方程：

$$\begin{cases} x = 5460.8\nu - 19306F + 83.235 - 1493.7 \\ y = 4.06F - 0.782\nu - 0.175E + 1.1091 \\ z = 3.387E + 194.71\nu - 797.03F - 15.492 \end{cases} \quad (3-9)$$

根据表 3-4 的原型数据，结合几何相似比及式（3-9），最终确定煤岩层层位、相似材料配比、力学参数见表 3-5。

表 3-4 各煤岩层的物理力学参数

岩层	厚度 /m	容重 /MN·m^{-3}	弹性模量 /GPa	泊松比	抗拉强度 /MPa	抗压强度 /MPa
石灰岩	—	0.028	30.2	0.26	9.8	107.35
铝土页岩	2	0.0235	23.3	0.3	6.6	91
C6 煤层	1.5	0.0138	0.91	0.35	—	3.98
钙质页岩	4	0.025	26.4	0.23	8.7	103.35

续表3-4

岩层	厚度 /m	容重 /MN·m⁻³	弹性模量 /GPa	泊松比	抗拉强度 /MPa	抗压强度 /MPa
粉砂质页岩	3	0.0245	23.1	0.28	9.8	107.35
石灰岩	3	0.028	30.2	0.26	9.8	107.35
粉砂质页岩	8	0.0245	27.6	0.28	6.56	88.71
硅质石灰岩	12	0.029	35.3	0.23	21.2	185.26
粉砂质页岩	8	0.0245	20.1	0.28	9.8	107.35
C4煤层	2	0.0141	0.94	0.38	—	3.38
粉砂岩	2.5	0.03	21.6	0.25	7.34	104.57
石灰岩		0.028	30.2	0.26	9.8	107.35

表3-5 模型相似材料配比及物理力学参数

岩层	厚度 /mm	容重 /kN·m⁻³	配比 砂∶膏∶灰	弹性模量 /MPa	抗压强度 /MPa
石灰岩	—	16.56	6∶0.9∶0.1	178.61	0.63
铝土页岩	20	16.37	6∶0.6∶0.4	162.31	0.63
C6煤层	15	15.13	9∶0.5∶0.5	10.19	0.04
层间复合岩层	*	15.51	6.5∶0.76∶0.24	140.8	0.7
C4煤层	20	15.13	9∶0.5∶0.5	10.09	0.04
粉砂岩	25	15.39	7∶0.6∶0.4	110.81	0.54
石灰岩	—	16.56	6∶0.9∶0.1	178.61	0.63

注：*表示层间复合岩层厚度可变。

3.2 相似模型层间距的确定与模型的制作

试验装置采用可旋转物理相似模拟试验台。有效尺寸为2000mm×2000mm×300mm；倾角可调节模拟0~70°范围内煤层倾角变化；顶部采用杠杆加砝码方式补偿地应力以模拟开采深度。为减小模型边界效应，将工作面开挖区域尽量布置在模型架对角线附近，并结合原型开采区域几何形状确定几何相似比1∶100。

3.2.1 保护层开采层间距的确定

矿区内主采煤层 C4、C6 层间距变化范围 25~70m，根据《防治煤与瓦斯突出规定》确定的最大保护垂距及上保护层开采下伏岩层分区相关研究[55,61]，确定进行 25m 近距离、45m 远距离、65m 超远距离上保护层开采保护效果随层间距的变化规律研究。根据几何相似比 1:100，确定进行 250mm、450mm、650mm，三次不同层间距的相似模型实验。

3.2.2 相似模型的铺设

模型试验台铺设相似模型材料前，需要先将可旋转模型试验台旋转至设计岩层层面与地面平行位置，如图 3-5 所示。相似模型铺设每次上架厚度不超过 2cm，充分压实。在不同的岩层间撒适量云母粉，作为分层弱面。在模型开挖阶段，C6煤层开挖区域上下边界在 C4 煤层中的对应位置附近是 C4 煤层变形膨胀的极小值区，是确定倾向保护角和划定保护范围的关键区域。在这两处按图 3-6 和图 3-7所示等间距安装压力盒。

图 3-5 相似模型实验台旋转至岩层层面水平位置

图 3-6 相似模拟压力盒安装示意图

图 3-7 相似模拟压力盒在模型中的位置

压力盒安装要求：

（1）安装方向的要求。安装压力盒时要求压力盒表面与层面平行，要求传感器承压面朝着拟测应力方向，并与之垂直，同时必须安放平稳，保证传感器在量测过程中承压面不偏转，因此保持压力盒承压面的正法向与模型层面一致。

（2）压力盒周围介质的要求。如果传感器周围介质比整个土体松，则量测出的应力会偏小，反之则偏大，因此在模型中埋设压力盒时必须保证传感器周围的介质与土体密度尽可能一致。传感器埋设区的土如偏紧，所引起的误差不会太大，如偏松则引起误差会很大，所以埋设土压力传感器时，其附近的土应适当压紧。

（3）压力盒间距的要求。当压力盒之间距离过近，相互之间会有影响，造成测量结果的误差较大。传感器间最小净距为 6R（R 为传感器半径）时，就不会有互相干扰，如图 3-8 所示。在模型中埋设压力盒时每个压力盒之间的距离均大于 6 倍的压力盒半径，因此消除了各压力盒之间的相互影响。

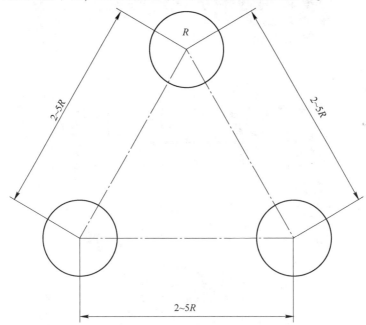

图 3-8 埋设在模型中的传感器间距

在模型铺设的同时，制作一个表面积与模型架上相似材料相同的小型相似材料试件，将其置于与模型相同的环境中。用塑料薄膜将该试件表面封裹模拟模型架上未卸模状态，在模型架卸模的同时将该试件表面塑料薄膜撕去，模拟模型架上材料的自然干燥状态。

模型铺设完成后在模型上方用砝码杠杆施加预定压力，模拟设计开采深度。根据原型埋深确定施加质量为 10kg 的砝码 57 个，如图 3-9 所示。

(a)

(b)

图3-9 模型上边界用砝码杠杆施加预定压力

（a）模型架背后挂载砝码；（b）模型架顶部施加杠杆

相似模型制作完成后进行保养，以达到模型的设计强度，如图3-10所示。

图 3-10 模型制作完成并养护

3.3 试验过程及测试方案

3.3.1 试验步骤

模型养护达到预定时间（20~30 天），测试与模型相同养护条件下的小型试件力学参数，当达到了设计强度要求即对模型进行开挖。开挖位置为模型中 C6 煤层中部，如图 3-11 所示。

模型开挖过程中，采取的主要测量方案包括：

（1）高精度数码相机近景拍摄方案。主要用于记录上保护层开挖过程中模型表面宏观变形情况，并为进一步利用数字散斑相关方法计算模型表面的面内变形作准备。

图 3-11 模型开挖过程

（2）三维激光扫描法方案。主要用于测量模型开挖过程中表面的三维变形。

（3）压力测量方案。通过被保护层的压力盒，记录保护层开挖过程中被保护层的应力变化。

在工作面开挖前检查并确保应力变化采集系统正常工作后记录清零并开始数据采集。实验过程中利用 2848×4288 像素的高精度数码相机记录上保护层开采过程中模型表面宏观变形情况。利用 Trimble Fx 三维激光扫描仪进行位移监测，如图 3-12 所示。数据采集直至工作面开挖完成上覆岩层变形稳定，并保存实验过程的所有应力变化数据、照片与模型三维变形测量数据。

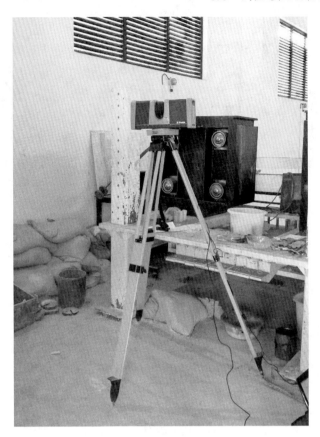

图 3-12 Trimble Fx 三维激光扫描仪

3.3.2 基于埋设压力盒的被保护层应力变化测试

在保护层开挖的同时对模型变形进行观测，并采集被保护层应力的变化数据[116-117]。应力测试系统由电阻应变仪和高精度压力盒组成，用来测定保护层工作面开挖前后被保护层内的压力变化情况。高精度压力盒选用丹东市电子仪器厂生产的 BX-1 型高精度压力盒，在埋入模型前已进行砂标标定；应变测试采用网格法，数据采集装置为一台 Sigmar 公司 ASMD3-16 电阻应变仪；并将被保护层膨胀变形量作为保护层开采保护效果的考察参数[38-39,113,116]。所使用的仪器及连线测试如图 3-13 所示。

3.3.3 基于数字散斑法的模型变形测试

3.3.3.1 测量原理

数字散斑相关方法的基本思想是 20 世纪 80 年代初由日本的山口一郎和美国

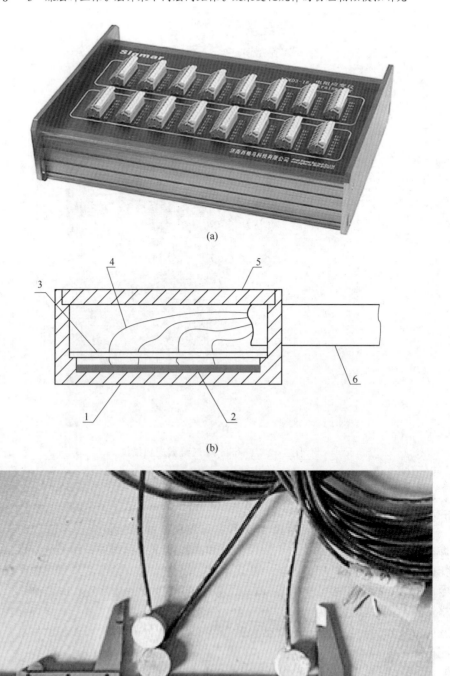

(a)

(b)

(c)

(d)

图 3-13　模型内部应力变化测量系统

（a）ASMD3-16 电阻应变仪；（b）BX-1 型高精度压力盒内部结构；

（c）BX-1 型高精度压力盒外观；（d）BX-1 高精度压力盒连接静态应变仪

1—受力模；2—电阻应变片；3—接线板；4—接线；5—盖；6—电缆线

的 Peters 和 Ranson 等人分别独立提出的。国内高建新、王怀文[118]、戴福隆等较早进行数字散斑相关方法的研究。薛东杰等[116]在相似模拟实验中引入该方法进行采动过程中上覆岩层的膨胀-压缩变形分布，并进一步得到了随工作面推进渗透特性的变化情况。该方法的变形识别过程是：分别采集物体变形前后的两幅数字散斑图，将变形前后的图像中划分为小块图像，定义为样本子区及目标子区，则只要找出目标子区和样本子区之间灰度值信息间的一一对应关系，就可以实现变形量的提取，利用位移插值将得到整个研究区域内的变形信息。数字散斑相关方法无标点的数字照相变形量测方法[119]，相比传统相似模拟测量方法具有全场测量、非接触、环境不敏感、操作简单等突出的优点。因此本节采用数字散斑技术的方法提取不同层间距保护层开采相似模拟实验的围岩变形场信息。

数字散斑相关方法是一种模型表面变形的光学测量方法，其变形测量精度的影响因素较多，除算法本身产生的理论误差外，还包括散斑质量、实验环境、设备和条件等引起的系统误差[119-120]。

3.3.3.2　测试方案

数据采集装置为高精度数码相机摄像系统。为减小相机镜头光学畸变、提高后期数字散斑处理的精度，测量前调整相机光轴垂直于研究区域表面的中心位置；调整镜头的离面距离，使有效像素充分覆盖研究区域以提高像素级测量精度[50,121-123]；并提高模型表面光照以减小模型表面图像噪点、提高模型表面可识别度。相机、模型及光源的相对位置关系，如图 3-14 和图 3-15 所示。

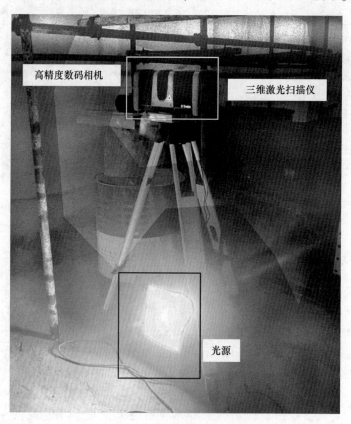

图 3-14　数码相机及光源设置

图 3-15　光学测量设备与模型的相对位置关系

3.3.3.3　算法及参数设置

在实验室既有测量条件下，为控制理论误差，数字图像的处理基于较为成熟的归一化协方差相关函数作为相关性系数，见式（3-10）。通过邻近域搜索法关联变形前后灰度化的天然散斑子区，得到变形前后的子区的位移信息，并利用基于相关系数插值的亚像素定位法提高位移测量的精度。按图 3-16 所示矩形网格，采用一阶有限单元方法式（3-11）、式（3-12）时常用二维 Lagrange 插值法对子区中心点（相当于有限元法的节点）的位移进行插值，得到模型表面全场变形信息[124]。主要参数取值为：子区大小 20×20 像素；邻近域搜索区域 40×40 像素；有限元计算网格大小 20×20 像素。

$$C(u,\ v) = \frac{\sum_{x,\ y}\left[f(x,\ y) - \bar{f}_{u,\ v}\right]\left[t(x-u,\ y-v) - \bar{t}\right]}{\left\{\sum_{x,\ y}\left[f(x,\ y) - \bar{f}_{u,\ v}\right]^2\left[t(x-u,\ y-v) - \bar{t}\right]^2\right\}^{0.5}} \tag{3-10}$$

式中　$t,\ f$——变形前后子区内单个像素的灰度值；

　　　$\bar{t},\ \bar{f}$——变形前后子区内像素灰度均值；

　　　$u,\ v$——变形前后子区控制点的 x 方向、y 方向位移；

　　　C——相关性系数，取 0.5 作为阈值。

求位移 u、v 的过程即转化为求相关性系数 C 最大值的最优化问题。

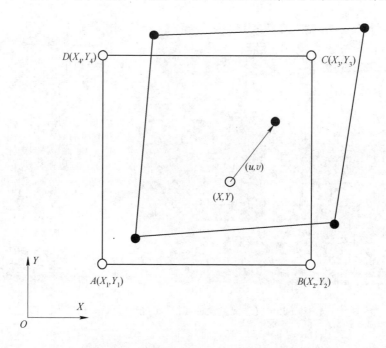

图 3-16 数字散斑相关法采用的插值方法

图 3-16 为数字散斑相关法中利用子区中心位置的位移信息进行模型表面位移插示意图。已知四边形单元 $ABCD$ 中 4 个节点的物质坐标系下的坐标分别为 $A(X_1, Y_1)$、$B(X_2, Y_2)$、$C(X_3, Y_3)$、$D(X_4, Y_4)$；X、Y 两个方向上的位移分量分别为 (u_1, v_1)、(u_2, v_2)、(u_3, v_3)、(u_4, v_4)。四边形 $ABCD$ 中任一点的坐标 (x, y) 及位移分量与四边形四个节点的关系为：

$$\left. \begin{array}{l} X = \displaystyle\sum_{i=1}^{4} X_i N_i \\[4mm] Y = \displaystyle\sum_{i=1}^{4} Y_i N_i \end{array} \right\} \tag{3-11}$$

$$\left. \begin{array}{l} u = \displaystyle\sum_{i=1}^{4} u_i N_i \\[4mm] v = \displaystyle\sum_{i=1}^{4} v_i N_i \end{array} \right\} \tag{3-12}$$

式中　N_i——插值函数；

　　X，Y——单元内某点在参考坐标系下的位置；

u，*v*——单元内某点的位移。

通过对式（3-12）进行式（3-13）所示物质导数，可知应变的插值关系与节点位移值无关。将节点上的位移值代入式（3-13）即可得到单元内任意一点的应变。

$$\varepsilon_x = \frac{u}{X} = \sum_{i=1}^{4} \frac{\partial N}{\partial X} u_i$$

$$\varepsilon_y = \frac{v}{Y} = \sum_{i=1}^{4} \frac{\partial N}{\partial Y} v_i$$

$$\gamma_{xy} = \frac{u}{Y} + \frac{v}{X} = \sum_{i=1}^{4} \frac{\partial N_i}{\partial Y} u_i + \sum_{i=1}^{4} \frac{\partial N_i}{\partial X} v_i \tag{3-13}$$

3.3.3.4 运行程序

将模型开挖过程中数码相机连续拍摄的照片导入伊利诺伊大学 E. M. C. Jones 开发的基于 Matlab 的 DIC code version4 进行处理，得到模型表面的位移分布及变形分布，通过调整绘图参数得到最终结果，如图 3-17 所示。

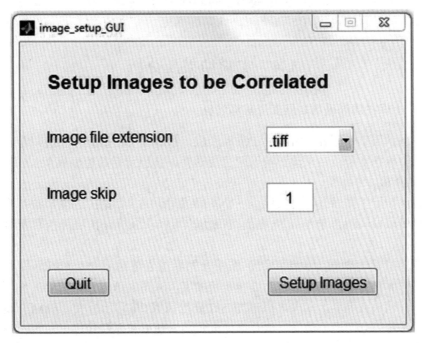

(a)

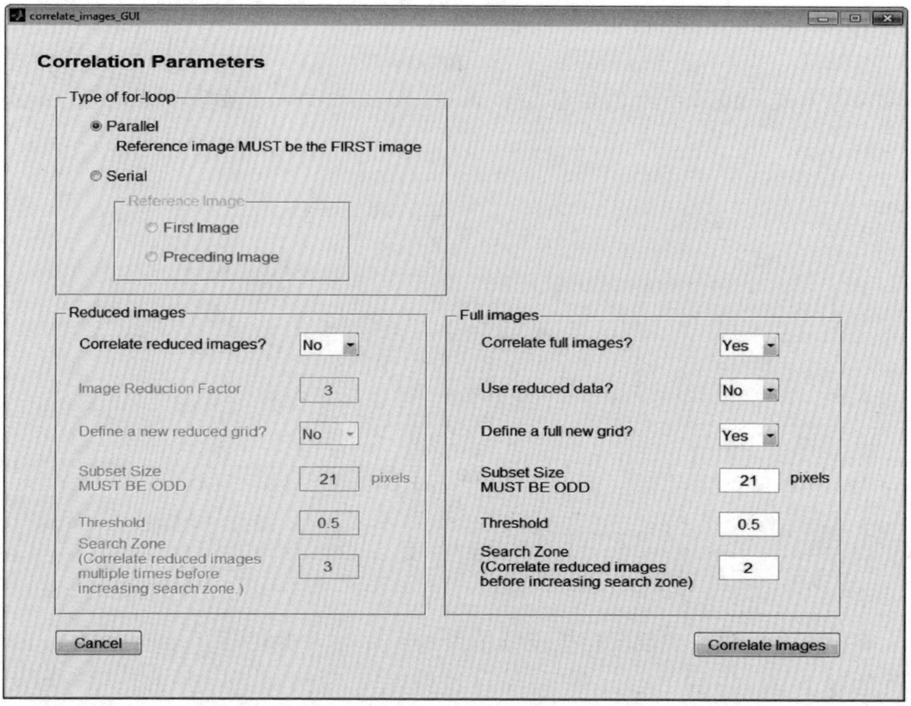

(b)

图 3-17 Matlab based DIC 参数设定图

（a）设置图片格式；（b）主要参数设计

3.4 实验结果及分析

3.4.1 上保护层开采煤岩层变形破坏特征

在保护层工作面开挖后，由于采动影响，围岩发生变形破坏。层间距不同的三次相似模拟实验，在采动影响下围岩变形并最终稳定后的模型表面如图 3-18~图 3-20 所示。

在保护层工作面开挖完成后，三个不同层间距的模型的围岩变形破坏形态相似。这里以层间距为 450mm 的相似模拟实验为例，分析保护层开挖后围岩变形破坏规律。

图 3-21 为相似模型中保护层工作面开挖后围岩随时间的变形破坏图。图中开挖工作面上方覆岩的离层已用虚线线条描出。从图中可知，保护层工作面开挖完成后，顶板从下至上依次离层破坏。在开挖完成 2h 后顶板变形稳定，顶板离层空间闭合，分层现象消失。从开挖完成到围岩变形破坏最终趋于稳定，被保护层底板变形量一直很小，肉眼几乎不能观测到。

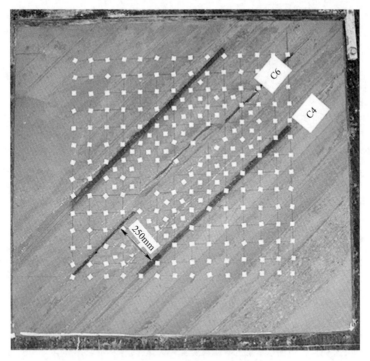

图 3-18 250mm 层间距相似模拟开挖结果图

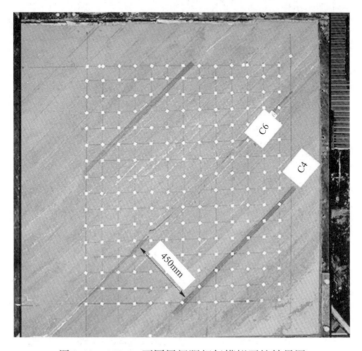

图 3-19 450mm 不同层间距相似模拟开挖结果图

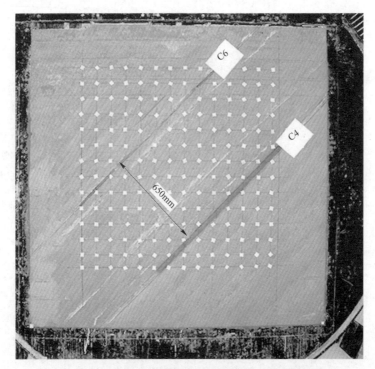

图 3-20 650mm 不同层间距相似模拟开挖结果图

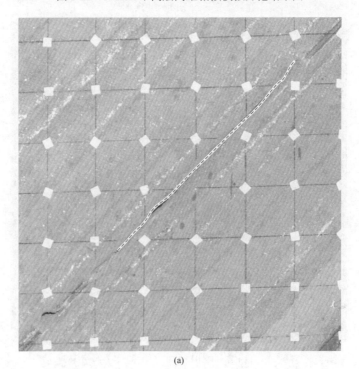

(a)

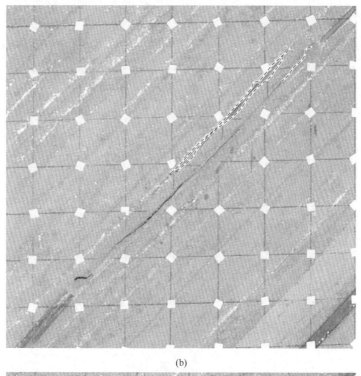

(b)

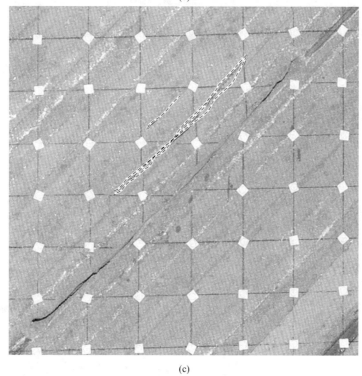

(c)

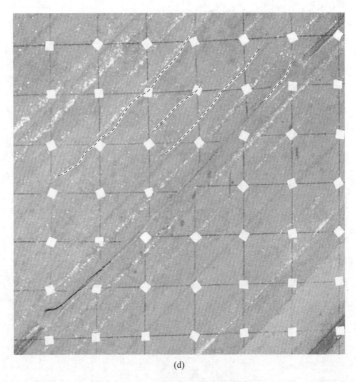

(d)

图 3-21 开挖完成后围岩变形情况

（a）刚开挖完成；（b）开挖完成 10min；（c）开挖完成 30min；（d）开挖完成 2h

以保护层开挖区域为中心，对保护层工作面开挖完成，围岩变形稳定后的相似模型局部放大，如图 3-22 所示。

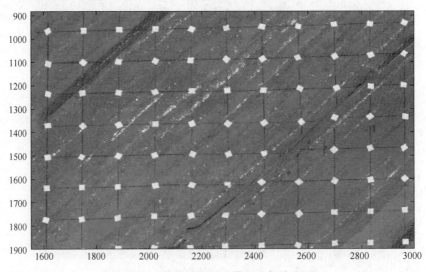

图 3-22 保护层开挖工作面局部放大图

对放大区域采用数字散斑相关方法进行变形数据的提取，得到水平和垂直方向的位移云图、应变云图。进一步，通过式（3-14）得到平行于煤层与垂直于煤层的围岩位移值，如图 3-23 所示。

$$\begin{Bmatrix} l'_x \\ l'_y \end{Bmatrix} = A \begin{Bmatrix} l_x \\ l_y \end{Bmatrix} \tag{3-14}$$

变换矩阵 A 为：

$$A = \begin{Bmatrix} \cos^2\alpha & \sin^2\alpha \\ \sin^2\alpha & \cos^2\alpha \end{Bmatrix}$$

式中 α——煤层倾角；

l'_x，l'_y——变换后平行于煤层与垂直于煤层的围岩位移值；

l_x，l_y——变换前模型水平方向的位移值及垂直方向的位移值。

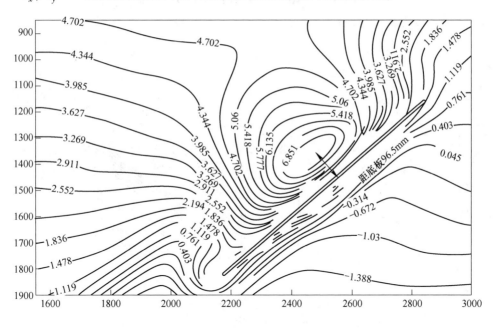

图 3-23   保护层工作面开挖后围岩位移图（单位：mm）

图 3-23 为根据图 3-22 与开挖前数字图像进行数字散斑相关法得到的模型表面垂直于层面方向的位移等值线图。模型开挖完成后，上覆各岩层由下至上分别经历了层间离层扩张和垮落充填过程。在靠近开挖区域的顶板表面变形较剧烈，模型表面出现脱落及较大的分层离层。该变形剧烈区域数字散斑算法不能识别，使用空白区域表示。

从图 3-23 可以看出，开挖区域上方可识别的较大位移位置形成了较完整的位移极值等值线，在位移极值区域的上方及两侧距离越远覆岩下沉量越小。图中，可识别出最大顶板下沉位置位于倾向中部偏向上山方向，层面方向距开挖区域中心点 75.4mm、距底板垂直高度 96.5mm、下沉量 7.0mm。

进一步，按式（3-15）对水平方向、垂直方向的应变进行变换，得到图 3-24 所示垂直于层面方面的膨胀变形等值线分布图。

$$
\begin{Bmatrix} \varepsilon'_x \\ \varepsilon'_y \\ \tau' \end{Bmatrix} = A \begin{Bmatrix} \varepsilon_x \\ \varepsilon_y \\ \tau \end{Bmatrix}
\tag{3-15}
$$

$$
A = \begin{Bmatrix} \cos^2\alpha & \sin^2\alpha & 2\sin\alpha\cos\alpha \\ \sin^2\alpha & \cos^2\alpha & -2\sin\alpha\cos\alpha \\ -\sin\alpha\cos\alpha & \sin\alpha\cos\alpha & \cos^2\alpha - \sin^2\alpha \end{Bmatrix}
$$

式中　A——变换矩阵；

　　　α——煤层倾角。

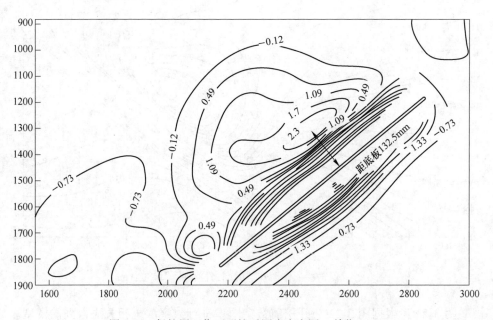

图 3-24　保护层工作面开挖后围岩应变图（单位：%）

在图 3-24 中，由于利用位移量求解应变需要更高一阶的连续性，造成了开挖区域附近应变云图未识别区域相比图 3-23 的位移等值线云图更大。图中开挖区域上方可识别的较大平面总应变位置形成了较完整的应变等值线。可识别出最大应变位置位于倾向中部偏向上山方向，层面方向距开挖区域中心点 101.0mm、距底板垂直高度 132.5mm，平面总应变为 2.4%。

3.4.2 基于数字散斑的"三带"高度的确定

煤层开采后，顶板发生变形破坏。在不同的高度，按顶板的不同的变形破坏特性，可分为"三带"，从下至上分为垮落带、裂隙带及弯曲下沉带。对顶板进行科学的"三带"划分在煤矿开采的顶板管理、矿压控制、瓦斯抽采、地表沉陷管理等各个方面均具有重要意义。根据文献 [125]，目前煤层开采后，垮落带高度和裂隙带高度预计方法由经验公式（3-16）和表3-6给出：

$$H_c = \frac{M - W}{(K - 1)\cos\alpha} \tag{3-16}$$

式中　M——采高；

　　　W——顶板下沉值；

　　　K——冒落岩层的碎胀系数。

相应倾角条件下的导水裂隙带高度与顶板岩性有关，导水裂隙带最大高度可根据表3-6进行计算。

表 3-6　导水裂隙带最大高度计算公式

岩性	计算公式一	计算公式二
坚硬	$H_f = \dfrac{100\sum M}{1.2\sum M + 2}(\pm 8.9)$	$H_f = \dfrac{100\sum M}{2.4n + 2.1}(\pm 11.2)$
中硬	$H_f = \dfrac{100\sum M}{1.6\sum M + 3.6}(\pm 5.6)$	$H_f = \dfrac{100\sum M}{3.3n + 3.8}(\pm 5.1)$
软弱	$H_f = \dfrac{100\sum M}{3.1\sum M + 5}(\pm 4.0)$	$H_f = \dfrac{100\sum M}{5.0n + 5.2}(\pm 3.5)$
极软弱	$H_f = \dfrac{100\sum M}{5.0\sum M + 8}(\pm 3.0)$	$H_f = \dfrac{100\sum M}{7.0n + 7.5}(\pm 4.0)$

以上经验公式多基于现场统计，而未从岩层移动的机理角度给出顶板"三带"的准确划分方法。人们认识到在采场上覆岩层中存在着对岩体活动全部或局部起决定作用的坚硬岩层，即"关键层"[126]。相关研究表明，顶板"三带"的分布主要受关键层的控制[127-129]。

采场相似模拟实验是研究顶板岩层移动的重要研究方法。目前基于相似模拟的顶板"三带"划分主要采用模型表面裂隙素描及顶板离层量的人工测量法，测量的工作量大，位移参数的描述人工干预较大，测试结果带有较多的主观因素，对顶板"三带"划分的客观性造成了影响。

根据关键层理论，顶板已破断关键层（亚关键层）在垮落带与裂隙带分界面上形成铰接结构导致该分界面以上位移不断减小。并且破断关键层所在分界面位置块体较大数字散斑算法可识别而破断关键层以下破碎严重的岩块数字散斑算法不可识别，因此根据亚关键层与顶板"三带"关系将可识别位移极值区域中心确定为裂隙带与垮落带的分界点[126,130]，可识别位移极值区域中心以下由于变形过大不能识别的区域即为垮落带区域。顶板未破断关键层以上弯曲下沉带由于关键层的存在变形协调，关键层以下裂隙带与关键层变形失调，导致两带分界面为顶板应变的极值位置[126,130-131]，这就是弯曲下沉带与裂隙带的分界点。

由图 3-23 和图 3-24，确定出原型工作面上方 13.25m 以内是裂隙带及垮落带范围，小于经验公式的计算结果（30.1~47.9m）；9.65m 以内为垮落带范围与经验公式[125]的计算结果（5.19~10.19m）接近。同时，可确定出工作面开采后顶板上覆岩层裂隙带及垮落带最大高度位置层面方向距采场上下边界距离之比（$L_上/L_下$），即顶板变形偏心度为 1.62。

3.4.3 不同层间距被保护层卸压规律

将层间距为 250mm、450mm、650mm 的上保护层开采模型实验工作面开挖后模型变形趋于稳定，被保护层压力盒卸压数据保持不变时的压力盒读数在图 3-25 中叠加，得到不同层间距的被保护层开采变形稳定时的卸压曲线。图 3-25 中纵轴表示卸压值，横轴表示距保护层开挖区域中心线的层面距离；横轴位置被

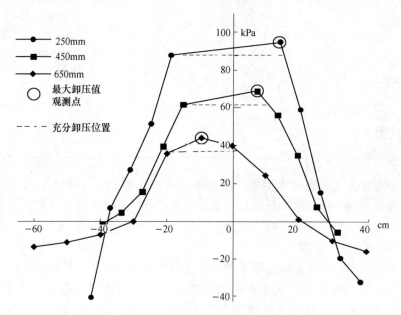

图 3-25 不同层间距下被保护层卸压曲线

保护层卸压值为 0, 即原始地应力; 卸压值大于 0 表示地应力小于原始地应力; 卸压值小于 0 表示该位置地应力大于原始地应力, 即发生应力集中。

3.4.3.1 被保护层应力卸压曲线特征

从图 3-25 中可知不同层间距被保护层卸压曲线均呈 "凸形": 曲线两侧斜率较大, 即开挖区域上山及下山方向卸压程度变化较大; 曲线中心线附近相对平坦, 即开挖区域中心卸压值趋于平缓; 在卸压曲线两翼边缘接近原始地应力位置不同层间距的卸压曲线与横轴的交点位置存在错动, 此处不同层间距卸压曲线的规律性不显著。

随着层间距增大, 卸压曲线整体高度降低, 说明层间距增大导致整体卸压程度降低; 卸压曲线两侧斜率降低, 说明层间距增大导致应变变化程度下降; 被保护层卸压范围上下边界应力集中程度下降; 卸压曲线右侧降幅大于左侧、卸压极值位置偏于纵轴左侧, 与下保护层开采上被保护层卸压极值位置偏向开挖区域上山方向的特征相反。

3.4.3.2 被保护层卸压范围

A 被保护层小于原岩应力的卸压范围

图 3-25 中不同层间距卸压曲线在横轴上的截距即为被保护层倾向上小于原岩压力的卸压范围, 卸压曲线在横轴上的截距中心与保护层工作面中心线沿层面距离为距保护层开挖工作面中心线偏移距离。不同层间距被保护层中小于原岩应力的卸压范围见表 3-7。

表 3-7 不同层间距小于原岩应力卸压范围特征

层间距/mm	小于原岩应力的卸压范围/cm	距保护层开挖工作面中心线偏移距离/cm
250	66.9	−5.0
450	65.2	−4.7
650	50.4	−4.6

B 卸压曲线顶部充分卸压的范围

由表 3-8 可知, 随着层间距增加, 顶部充分卸压范围加速减小; 卸压曲线顶部距保护层开挖工作面中心线偏移距离加速减小, 说明随层间距增大充分卸压范围加速远离保护层开挖工作面中部向下山方向移动。对比表 3-7、表 3-8, 卸压曲线顶部充分卸压范围向下山方向的移动速度快于被保护层小于原岩应力的卸压范围向下山方向的移动速度。

表 3-8 不同层间距卸压曲线顶部充分卸压范围

层间距/mm	顶部充分卸压范围/cm	距保护层开挖工作面中心线偏移距离/cm
250	33.8	-1.92
450	26.3	-2.48
650	22.1	-11.33

C 卸压曲线顶部最大卸压值和应力释放率

不同层间距条件下得到的卸压曲线顶部最大卸压值、最大应力释放率列于表 3-9。

表 3-9 不同层间距卸压曲线顶部最大卸压值

层间距/mm	最大应力卸压值/kPa	最大应力释放率/%
250	94.80	50.8
450	68.99	37
650	43.89	23.5

表 3-9 说明随着层间距增大，最大应力卸压值与最大应力释放率均呈下降趋势，说明上保护层开采对下被保护层最大的卸压影响程度逐渐减小。

D 被保护层上下山方向应力集中系数

由于层间距 0.45m 的上保护层开采相似模拟实验中压力盒主要布置于被保护层的卸压范围内，未能观测到被保护层上下山方向的应力集中情况，表 3-10 仅列出层间距为 250mm、650mm 上保护层开采相似模拟实验的保护层开挖区域中心线左侧 42.76cm、右侧 37.75cm 处的应力集中系数。表 3-10 中随着层间距增加被保护层卸压范围上下边界应力集中程度均呈下降趋势。

表 3-10 上下山方向应力集中系数变化

层间距/mm	左侧应力集中系数	右侧应力集中系数
250	1.218	1.202
650	1.046	1.080

E 上下山方向卸压曲线斜率

表 3-11 中横轴以上卸压曲线两侧斜率均随层间距增大而减小，右侧斜率减小速度大于左侧斜率减小速度，即随层间距增大被保护层卸压区域内上山方向卸压程度变化大于下山方向卸压程度变化。

表 3-11 卸压曲线横轴以上部分的平均斜率

层间距/mm	左侧斜率	右侧斜率
250	0.170	0.198
450	0.101	0.127
650	0.098	0.064

3.4.4 不同层间距保护角、保护范围变化规律

《防治煤与瓦斯突出规定》中指出：在保护层与被保护层的层间距离、岩性及保护层开采厚度等变化不大情况下被保护层膨胀变形量 3‰作为同一保护层和被保护层的保护范围边界准则。将模型中被保护层垂直层面方向的表面膨胀变形量大于 3‰区域划定为被保护范围，膨胀变形量的观测位置及观测值在图 3-26 中叠加。

3.4.4.1 被保护层上下边界保护角与层间距关系

根据图 3-26，仿照《防治煤与瓦斯突出规定》中卸压角概念定义下边界膨胀变形保护角 δ_3（简称下边界保护角）由膨胀变形曲线在保护层开挖区域下边界附近 3‰的点与保护层开挖区域下山方向边界的距离及层间距确定：

$$\delta_3 = \arctan \frac{u_3}{h} \tag{3-17}$$

式中 u_3——膨胀变形量为 3‰的点距保护层开挖区域下边界的距离；

h——上保护层开采层间距。

上边界膨胀变形保护角的计算与下边界类似。根据式（3-17）得到上保护层开采上下边界的卸压角，如表 3-12 所示。

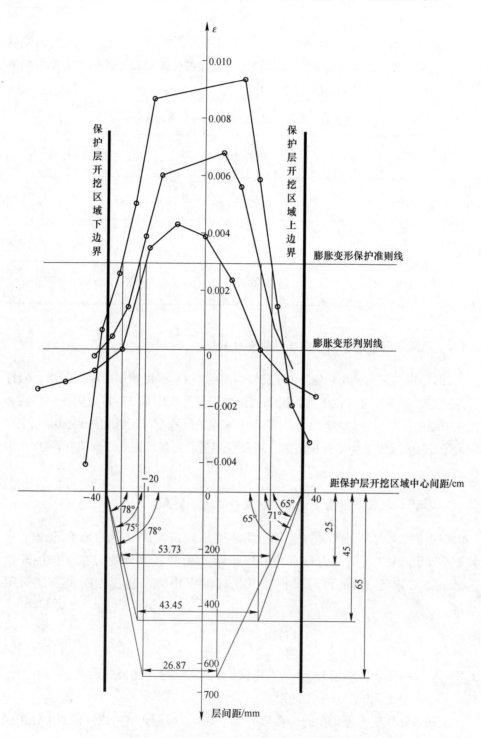

图 3-26 不同层间距膨胀变形曲线及保护角保护范围计算图

表 3-12 保护角及与《防治煤与瓦斯突出规定》划定卸压角对比

层间距/mm	下边界卸压角 δ_3/(°)		上边界卸压角 δ_4/(°)	
	本书	规定	本书	规定
250	78	80	65	70
450	75	80	71	70
650	78	80	65	70

从表 3-12 可以看出，下边界保护角大于上边界保护角；随着上保护层开采层间距的增大，保护层工作面上下边界保护角发生变化，但变化幅度不大；下边界保护角平均为 77°，上边界保护角平均为 67°，均小于《防治煤与瓦斯突出规定》中以 45°煤层倾角确定的上保护层开采上下边界卸压角，说明了上保护层开采过程中将下保护层膨胀变形量大于 3‰作为保护准则相对《防治煤与瓦斯突出规定》中按煤层倾角划定的上保护层开采保护范围偏于安全。

3.4.4.2 被保护层倾向保护范围与层间距关系

根据上保护层开采上下边界保护角确定被保护层倾向保护范围；以保护层工作面倾向中心点为参考，定义被保护范围倾向中心与保护层工作面中心点的倾向距离为倾向中心偏移距，用来确定保护范围的整体位置。倾向中心偏移距以偏向上山方向为正，偏向下山方向为负。被保护层倾向保护范围及倾向中心偏移距如表 3-13 所示。

表 3-13 保护范围大小与倾向中心偏移距随煤层间距变化

层间距/mm	保护范围大小/cm	倾向中心偏移距/cm
250	53.73	−3.21
450	43.45	−1.91
650	26.87	−8.05

由表 3-13 可知，随着层间距增大保护范围呈加速减小趋势，如图 3-27 所示，且保护范围倾向中心随着层间距增大向下山偏移。表 3-13 中对于不同的层间距，以膨胀变形量 3‰确定的保护范围均小于按《防治煤与瓦斯突出规定》中基于煤层倾角划定的保护范围，因此以膨胀变形量大于 3‰划定的保护范围偏于安全。

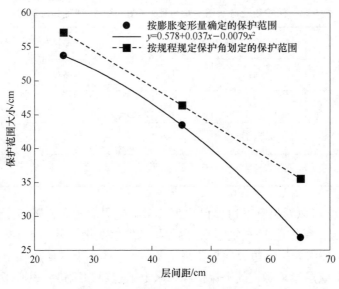

图 3-27　保护范围随层间距变化趋势

3.4.5　急倾斜上保护层开采物理相似模拟实验

3.4.5.1　模型变形特征分析

本节主要进行煤层倾角 45° 的物理相似模拟实验，以研究不同层间距煤层群上保护层开采保护效果变化规律。而用于验证以上基于物理相似模拟研究所得结论的东林煤矿 3607 工作面上保护层开采工程的煤层倾角为 68°，与目前三次物理相似模拟实验设计的煤层倾角不一致。为此，以东林煤矿 3607 工作面保护层开采为工程背景，另外进行煤层倾角 68° 的物理相似模拟实验，以便与现场测试所得保护范围进行对比。

基于东林煤矿 3607 工作面上保护层开采的物理相似模拟实验开挖完成、稳定后模型变形及相应的位移应变分布如图 3-28 所示。

图 3-28（a）中急倾斜条件下覆岩各分层的离层扩张和闭合过程并不明显。急倾斜条件下由于顶板变形大幅减弱及开挖区域下部充填充分，导致顶板变形在垂直于层面及平行于层面方向均较平缓，顶板断裂顶板离层不明显，缺少了形成等值线极值区域的条件。

图 3-28（b）是上覆岩层顶板位移图。图中覆岩位移等值线在垂直层面方向呈敞开向上展开形态，在沿层面方向最大下沉量偏向上边界方向，且位移变化梯度较小，未形成倾斜（45°）条件下的顶板位移极值区域。其原因是煤层倾角较大，垂直于层面方向应力分量较小，造成覆岩移动变形破坏程度整体上相对较小、覆岩层之间及同一分层沿层面方向下沉差异较小。

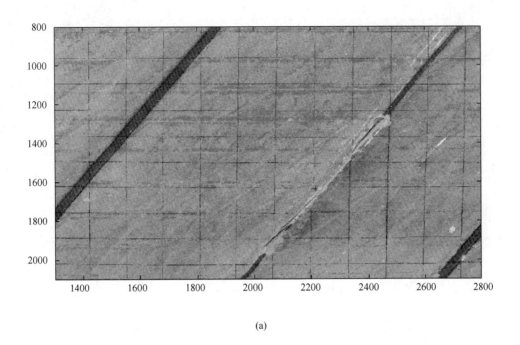

(a)

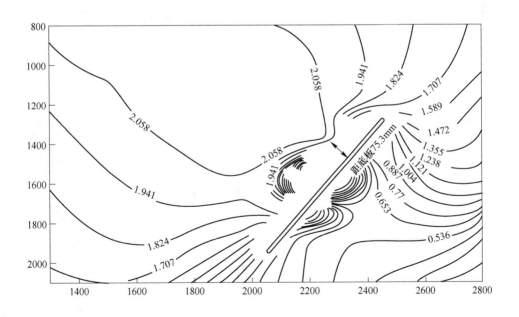

(b)

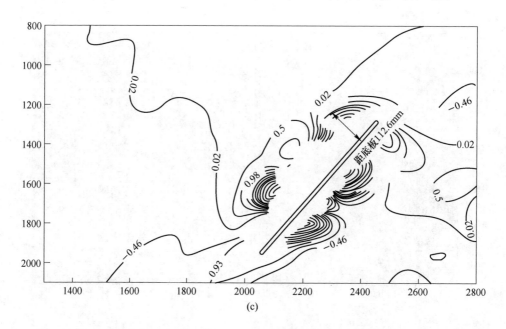

图 3-28   68°上保护层开采物理相似模拟实验模型

（a）开挖后围岩变形情况；（b）围岩下沉量云图（单位：mm）；（c）平面总应变图（单位：%）

同时，在平面总应变图 3-28（c）中可以看出，顶板中未形成倾斜（45°）条件下的顶板平面总应变极值区域。开挖区域顶板可识别区域内平面总应变较小，下边界以下顶板压缩应变明显，中下部顶板以膨胀变形为主，而上部顶板以压缩变形为主。

3.4.5.2   基于被保护层应变曲线的保护范围划定

采用在模型表面被保护层位置粘贴应变片，测定被保护层沿法向的膨胀变形。被保护层沿倾向的应变曲线如图 3-29 所示。通过对应变曲线与 3‰的保护准则的几何分析，可知基于物理相似模拟的保护层上下卸压角分别为 68°和 83°。

3.4.6   基于响应面模型的上保护层开采赋存条件的敏感性研究验证

随着数值计算理论的发展和计算能力的日益强大，数值模拟在工程科学领域得到了广泛的应用，已成为研究工程问题的重要手段。数值计算方法给研究人员呈现出直观且丰富的计算结果，为研究带来了方便，但数值计算的结果真实可靠性是人们最为关心的问题。

本章基于物理相似模拟实验方法的保护层开采层间距对保护层开采保护效果影响研究与上一章基于数值模拟的矿区上保护层开采赋存条件的敏感性研究均是相同的工程背景，基于相近的岩石物理力学参数及保护层开采工程条件。通过对

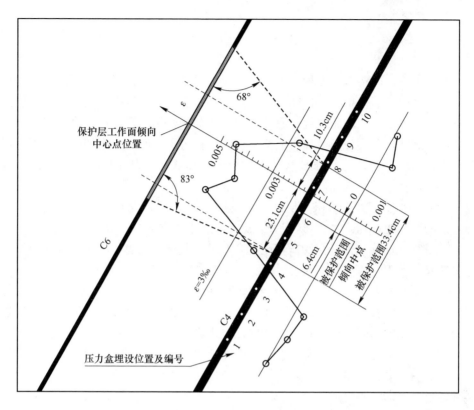

图 3-29   60°倾角上保护层开采被保护层应变曲线

比分析基于数值模拟方法与采用物理相似模拟实验方法的保护效果随煤层赋存条件的变化规律，可验证基于数值模拟方法的保护层开采效果对煤层赋存条件敏感性研究的正确性。

根据图 3-27，基于物理相似模拟实验方法的倾向保护范围长度与层间距关系显示敏感度为：

$$y' = 0.037 - 0.0158x \tag{3-18}$$

因此当层间距从 25m 到 65m 之间变化时，倾向保护范围长度对层间距的敏感度应在−0.358~−0.99 之间。

以保护层开采倾向保护范围为例，通过查找表 2-6 中保护层开采倾向保护范围列，可知在中心合成实验设计的输入参数中心位置，该保护效果指标对于层间距的敏感度为−1.89。而将相似模拟实验参数代入基于数值模拟的以实际参数（倾角 45°；保护层厚度 1.5m；上边界应力 6MPa；由于相似模拟架无法改变侧向应力，侧压系数 1）表示的响应面功能函数对层间距偏导表达式中，则可得到层间 45m 时的敏感度为−0.555，与相似模拟实验所得敏感度结果接近。因此基于响应面模型的矿区上保护层开采赋存条件的敏感性研究具有一定的可行性。

3.5 本章小结

为研究煤层间距对上保护层开采保护效果的影响，进行了不同煤层间距的保护层开采物理相似模拟。通过在模型内部被保护层上布置压力测线得到不同层间距条件下被保护层的卸压曲线，通过模型表面测量得到围岩移动变形云图及被保护层的膨胀变形曲线。通过分析上覆岩层的位移云图及应变云图特征，得到了保护层上覆岩层"三带"分布。从被保护层的卸压规律及基于膨胀变形量的上保护层开采保护范围两方面研究得到以下主要结论：

(1) 上保护层开采被保护层卸压曲线呈"凸形"，"凸形"中心线偏向下山方向。随层间距增加，"凸形"底部被保护层小于原岩应力的卸压范围与"凸形"顶部卸压曲线顶部较大卸压的范围均呈减小趋势。两者中心线位置均向下山方向转移，且后者速度快于前者。

(2) 随着层间距增大，被保护层卸压曲线中低于原岩应力的卸压范围的卸压程度及高于原岩应力的应力集中范围的应力集中程度均呈减弱趋势，低于原岩应力的卸压范围内卸压程度在上山方向比下山方向上变化大。

(3) 以垂直层面方向膨胀变形量3‰确定的上下边界膨胀变形保护角均小于《防治煤与瓦斯突出规定》按煤层倾角确定的上下边界卸压角，因此以下被保护层垂直层面方向膨胀变形量大于3‰作为保护准则相对按《防治煤与瓦斯突出规定》中按煤层倾角划定的保护范围偏于安全。

(4) 不同层间距上保护层开采的保护范围均小于《防治煤与瓦斯突出规定》中按煤层倾角得到的保护范围，且随着层间距的增加以垂直层面方向膨胀变形量确定的保护范围呈加速减小趋势。

4 煤巷掘进瓦斯涌出量与被保护层
残余瓦斯压力关系研究

《防治煤与瓦斯突出规定》从防治煤与瓦斯突出的角度指出，保护层开采工程被保护层瓦斯压力降至残余瓦斯参数规定值以下（即残余瓦斯压力小于0.74MPa或残余瓦斯含量小于8m³/t）的区域是安全的，未进一步考虑被保护层内煤巷掘进瓦斯治理的安全性。保护层开采后，为在保护范围内布置回采巷道，需要在保护范围内掘进煤巷。被保护层煤巷掘进，不仅要考虑煤层的突出危险性，还必须考虑在正常通风条件下掘进过程中的瓦斯集聚超限问题。因此，在达到消除突出危险性指标（0.74MPa）时，进一步降低被保护层内残余瓦斯压力将提高被保护煤层消突的可靠性并改善被保护层内煤巷掘进的瓦斯涌出问题。本章将以南桐矿区东林煤矿保护层开采后在被保护层内煤巷掘进为例，通过建立煤巷掘进固气耦合动态瓦斯涌出计算方法，研究巷道瓦斯涌出与被保护层残余瓦斯压力间关系及消除突出危险性（0.74MPa）与确保掘进过程中瓦斯涌出安全性关系。

4.1 工程背景

4.1.1 保护层开采工程背景

以南桐矿区东林煤矿4号被保护煤层的2402工作面采区煤巷掘进为工程背景，进行煤巷掘进瓦斯涌出量与被保护层残余瓦斯压力关系研究。6号煤层2602和3602工作面作为2402工作面的上保护层开采，两层煤平均间距为38m，煤层倾角平均42°。其中6号煤层大部分可采，平均煤厚0.9m；4号煤层赋存稳定，平均煤厚2.84m，属全区可采煤层。

4.1.2 被保护层内煤巷掘进空间位置

为进行采区巷道布置，设计在4号煤层2402工作面标高-142m位置掘进采区回风巷，如图4-1所示。

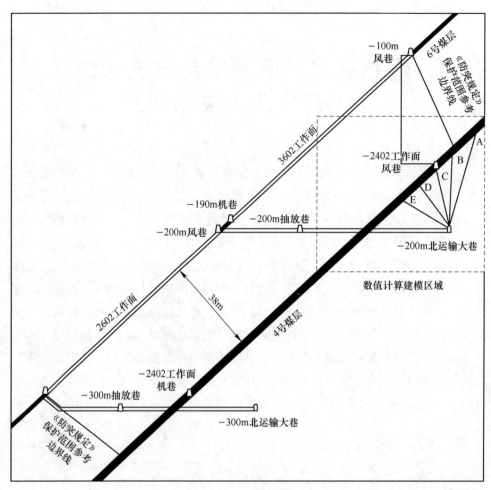

图 4-1　掘进巷道剖面图

4.2　研究区域瓦斯压力

4.2.1　研究区域原始瓦斯赋存条件

矿井前期瓦斯地质调查显示，4 号煤原始瓦斯含量 13.22~18.21m³/t，原始瓦斯压力 1.84~3.1MPa，原始透气性系数 0.019m²/(MPa²·d)，属于较难抽采煤层。

4.2.2　被保护层瓦斯压力测孔布置方案

合理的瓦斯压力测孔的空间分布能够提高研究区域瓦斯压力变化估计的准确

性，并且应根据不同的研究目的及现场施工条件选择不同的瓦斯压力测孔的布置方案以及对应的空间插值方法[132-134]。

为确定上保护层开采保护范围，需要测定保护层开采后上被保护层的残余瓦斯压力，因此钻孔测压主要布置在《防治煤与瓦斯突出规定》中规定的倾向保护范围边界线附近。考虑到井下恶劣的作业条件、钻孔施工过程与其他作业工序的相互干扰及穿层测压孔施工成本等因素，均限制了瓦斯压力测孔的施工数目。综合以上需要以及现实条件，采用如图 4-1 所示穿层钻孔直接瓦斯压力的方案，钻孔编号及终孔位置如表 4-1 所示。

表 4-1　测压孔布置及残余瓦斯压力

孔号	走向距离/m	标高/m	瓦斯压力/MPa
A1	0	−131	0.861
A2	16	−132	0.67
A3	33	−132	0.7
B1	0	−140	0.31
B2	19	−139	0.427
B3	33	−140	0.43
C1	2	−145	0.32
C2	20	−146	0.29
C3	34	−146	0.37
D1	0	−152	0.3
D2	17	−151	0.14
D3	38	−151	0.2
E1	48	−157	0.15
E2	14	−159	0.2

4.2.3　被保护层瓦斯残余压力分布规律

4.2.3.1　插值方法的选择

利用已知位置的数据取值外推或内推未知位置的数据取值，即空间插值。空间插值方法多基于第一定律（Tobler's First Law）[135]，即地理事物或属性在空间分布上互为相关，存在集聚（clustering）、随机（random）、规则（regularity）分布。目前空间插值方法种类繁多，一般把它们分为两大类：确定性方法和非确定性方法。确定性空间插值方法是指采用预定义的函数来确定观测点与预测点位置之间的距离来决定预测值，如多项式插值、反距离插值、样条插值等[136]。非确定性空间插值方法是以统计理论为基础，根据以半变异函数（variograms）或协方差（covariance）[137]表示的观测数据间的相关性随距离增加而减小的特点对空间数据进行插值。非确定性空间插值方法主要是普通 Kriging 法以及基于普通 Kriging 法的相关衍生方法，如考虑利用其他观测值改进插值结果的协同克里金法（coKriging）、考虑均值局部变化的泛克里金法（Universal Kriging）、考虑观测值全局趋势变化的 Regression Kriging 等[138]。

表 4-1 中，用于保护层开采效果检验及倾向未保护区域扩界效果考察的瓦斯测压钻孔数量较少（14 个）、测点相对研究区域较稀疏（立面面积约 1500m²）、测点呈接近矩形的规则网格分布（即用于空间统计的距离信息不足）。瓦斯压力采样方案的这些特点造成空间统计信息不足，基于空间距离插值的反距离插值、克里金插值均不适用[139-141]。同时，保护层开采相关研究显示在倾向上被保护层瓦斯压力随标高的变化存在明显的趋势[142]，因此选择对被保护层瓦斯压力分布进行趋势面拟合。趋势面拟合的优点是产生平滑的曲面，结果曲面很少通过原始的数据点，只是对整个研究曲面产生最佳拟合面。根据拟合结果设定煤巷掘进瓦斯涌出计算的初始瓦斯压力。

多项式趋势面拟合的核心思想是认为被拟合数据存在一个可用多项式表示的总体趋势：

$$z = \sum_{\substack{i,j=0 \\ i+j \leqslant N}}^{N} a_{i,j} x^i y^j$$

离散的数据点 z_i 在该多项式趋势函数附近变化，与多项式趋势函数相差一个残差值 ε：

$$z_i(x,y) - z(x,y) = \varepsilon_i$$

将数据点代入式中，多项式趋势面参数 $a_{i,j}$ 取为使得残差平方和最小的值：

$$\min\left(\sum \varepsilon_i^2\right) \mapsto a_{i,j}$$

4.2.3.2 插值结果

这里采用 R 语言进行瓦斯压力数据的空间插值，如图 4-2 所示。R 语言是一款专业的统计学计算平台，在 R 语言核心代码的基础上，各个学科的研究人员为满足各自领域内具体统计学计算需求，开发了丰富的扩展包。在 GIS 领域，大量经案例验证的扩展包奠定了 R 语言强大的空间分析能力。R 语言自身没有地理信息空间插值函数，这里采用 R 语言官方扩展包归档库 CRAN（The Comprehensive R Archive Network）中的空间处理扩展包 spatial[143] 进行空间插值处理。

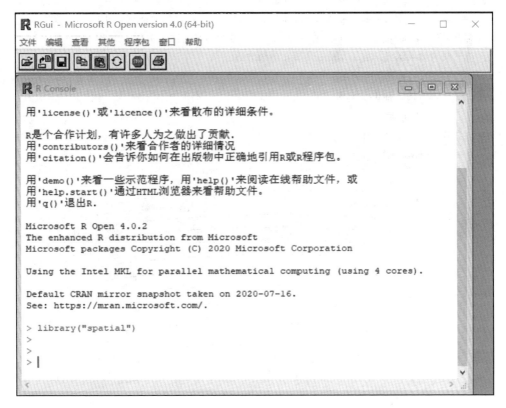

图 4-2 R 语言程序界面

采用 spatial 中的 surf. ls 函数对表 4-1 中瓦斯压力分布进行二次趋势面空间插值，得到如图 4-3 所示煤层残余瓦斯压力分布图。

生成图 4-3 的 R 语言代码如下：

```
# 加载 spatial 地理空间分析包
library( "spatial" )
```

myinterpolation. dat 为表 4-1 所列数据

    mydata <- read. csv("myinterpolation. dat", head = F)

    #设置数据集第一列为 x 列, 值取表 4-1 中第二列

#设置数据集第一列为 y 列, 值取表 4-1 中第三列

#设置数据集第一列为 z 列, 值取表 4-1 中第四列

    names(mydata) <- c("x", "y", "z", "label")

#对瓦斯压力数据进行拟合, 得到二次趋势面空间拟合模型 mydata. surfmodel

    mydata. surfmodel <- surf. ls(2, mydata)

#对二次趋势面空间拟合模型 surfmodel 进行网格化, 得到网格数据集 mydata. surfgrid

    mydata. surfgrid <- trmat(mydata. surfmodel, 0, 50, -160, -131, 100)

#利用网格数据集 mydata. surfgrid 画出等值线图

    contour(mydata. surfgrid)

#在等值线图上标出数据点

    points(mydata)

#在数据点旁标出名字

    text(mydata, labels = mydata[["label"]], adj = c(1,1))

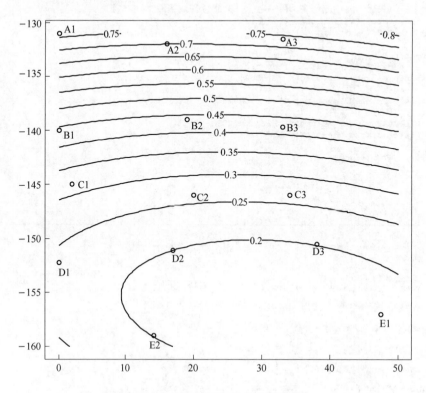

图 4-3　残余瓦斯压力分布立面图

所得多元回归决定系数（Multiple R-Squared）为 0.90，调整决定系数（Adjusted R-squared）为 0.84。

图 4-3 中横轴为水平方向距离，纵轴为煤层标高。假设保护层开采卸压瓦斯抽采后瓦斯压力达到了稳定并保持不变，从而在进行煤巷掘进瓦斯涌出分析时煤层瓦斯压力为一常数。根据图 4-3，对-145m 腰巷上下两侧 15m 标高范围内瓦斯压力取均值 0.30MPa，作为煤巷掘进瓦斯涌出计算的煤层瓦斯压力初始值。

4.3 煤巷掘进瓦斯涌出数学模型

4.3.1 基本假设

不同的掘进工艺导致煤巷掘进过程中瓦斯涌出特征的不同，并且掘进过程中瓦斯涌出受煤厚、地质构造等影响显著。对于大多数煤层厚度小于 2~3 倍煤巷高度的煤巷掘进情况，煤巷顶底板瓦斯涌出占煤巷瓦斯涌出问题的比例较小，煤巷瓦斯涌出计算常忽略该部分瓦斯涌出量。瓦斯涌出主要由两侧煤壁瓦斯涌出、掘进工作面前方瓦斯涌出及落煤瓦斯涌出量三部分组成；当掘进煤巷所在煤层较厚（一般指大于 2~3 倍煤巷高度）时，由于较厚的煤巷顶底板煤层受采动影响瓦斯涌出较大，煤巷掘进瓦斯涌出应考虑这部分瓦斯涌出的贡献。当考虑巷道与顶底板相对位置时厚煤层条件下煤巷掘进瓦斯涌出更加复杂[144]。由于该掘进巷道设计高度与其所在的 4 号煤层厚度基本一致，可以认为顶底板残余煤炭对掘进煤巷瓦斯涌出基本没有影响。

保护层开采，被保护层内的应力、应力状态及瓦斯赋存条件是一个动态变化的过程，随着时间增加该过程逐渐平稳[23]。当被保护层中进行煤巷掘进过程处于被保护层应力状态及瓦斯赋存条件变化剧烈阶段，煤巷瓦斯涌出必须受到该过程的影响。在进行该条煤巷掘进时保护层开采项目已完成了较长时间，可认为煤层应力、应变状态及瓦斯赋存条件是稳定状态。

另外为避免次要因素增加推导过程的复杂程度，对煤巷掘进中瓦斯涌出源及煤层内瓦斯渗流模型作如下假设：

（1）煤巷掘进过程中的瓦斯量涌出主要由煤壁瓦斯涌出及落煤瓦斯涌出两部分组成分[77,145]，本节主要研究煤壁瓦斯涌出。煤巷掘进煤壁瓦斯涌出包括巷道两侧煤壁的瓦斯涌出和工作面前方煤壁的瓦斯涌出，均为单向流动[94]。

（2）煤体为连续、均质及各向同性介质；煤层瓦斯渗流为等温过程，服从达西定律[146-148]。

4.3.2　煤层瓦斯流动固气耦合计算模型

4.3.2.1　煤层瓦斯渗流方程

煤层瓦斯渗流服从达西方程，瓦斯流动连续性方程为[147]：

$$\nabla(\rho_g v_g) + \frac{\partial C}{\partial t} = 0 \tag{4-1}$$

其中：

$$v_g = -\frac{k \nabla p_g}{\mu}; \quad C = C_{ad} + C_{free}$$

$$C_{ad} = \frac{(1 - A - B)p_g ab}{bp_g + 1}\rho_c\rho_g; \quad C_{free} = \rho_g\varphi; \quad \rho_g = p_g\beta_g$$

式中　p_g——煤层瓦斯压力，Pa；

　　　ρ_g——煤层瓦斯密度，kg/m³；

　　　v_g——瓦斯渗流速度，m/s；

　　　C——煤层瓦斯含量，kg/m³；

　　　C_{ad}——吸附瓦斯含量；

　　　C_{free}——游离瓦斯含量；

　　　k——有效渗透率，m²；

　　　φ——煤体孔隙率；

　　　β_g——瓦斯压缩因子，kg/(Pa·m³)；

　　a，b——Langmuir 吸附常数；

　　A，B——灰分、水分。

　　煤层渗透率是煤层瓦斯流动及与之相关研究的基础参数。煤层渗透率变化的影响因素众多，包括应力、应变、孔隙压力、煤体性质等。针对特定性质的煤体和具体的赋存条件，多种渗透率模型被提出[149]。通过采集研究区域煤样制作成型煤试件以进行实验室渗流实验，对实验结果进行参数拟合，得到了型煤的渗透率 k 与体应力、瓦斯压力间关系[18]：

$$k = (a_1\Theta^2 + a_2\Theta + a_3)[1 + c_1(a_1\Theta^2 + a_2\Theta + a_3)^{c_2}/p_g] \tag{4-2}$$

式中　a_1，a_2，a_3，c_1，c_2——均为试验确定的拟合常数；

　　　　　　Θ——体积应力，Pa。

　　由于型煤渗透率与工程现场的煤体在数量上相差较大，式（4-2）应通过与研究区域现场测定的煤体透气性系数进行比例转换，从而反映工程现场煤体的渗透率变化情况。因此用于反应原场应力变化关系的系数分别取为 $a_1 = 2.1 \times 10^{-31}$、$a_2 = -8.36 \times 10^{-24}$、$a_3 = 1.02 \times 10^{-16}$、$c_1 = 9.3567 \times 10^{-7}$、$c_2 = -0.6999$。

对式（4-1）、式（4-2）进行整理，得到系数形式的二阶渗流场偏微分方程：

$$\nabla(coeff_c \nabla p_g) + coeff_a p_g + coeff_d \frac{\partial p_g}{\partial t} = 0 \tag{4-3}$$

其中：

$$coeff_a = \beta_g \frac{\partial \varphi}{\partial t}; \quad coeff_c = -\frac{\rho_g k}{\mu}$$

$$coeff_d = \frac{a\beta_g(A + B - 1)\rho_c p_g^2}{(1/b + p_g)^2} + \frac{2\beta_g(1 - A - B)ap_g}{1/b + p_g} + \beta_g \varphi$$

4.3.2.2 含瓦斯煤体的变形场方程

采用有效应力方程，考虑含瓦斯煤体的变形过程中瓦斯的影响：

$$\sigma = 2G\varepsilon + \lambda \mathrm{tr}(\varepsilon)I - \alpha p_g I \tag{4-4}$$

式中　σ——有效应力，Pa；

ε——应变矩阵；

$\mathrm{tr}(\varepsilon)$——应变矩阵 ε 的迹；

G——剪切模量，Pa；

λ——拉梅系数；

I——单位矩阵；

α——Biot 系数。

Biot 系数的取值影响瓦斯压力对煤体作用效果。在土力学中 Biot 系数一般取为 1，而对孔隙流体介质作用下的岩石的力学性质的相关研究表示该值受岩体结构、孔隙度、孔隙流体压力影响，取值一般小于 1。本节对研究区域煤岩进行渗流实验[81]，将 Biot 系数取为瓦斯压力及体应力拟合式[150]。

$$\alpha = d_1 p - d_2 \Theta - d_3 p\Theta + d_4 \tag{4-5}$$

通过煤岩渗流实验，得到式（4-5）中回归系数 d_1、d_2、d_3、d_4 的取值分别为 0.4832×10^{-6}、0.0083×10^{-6}、0.02×10^{-12}、0.3991。

孔隙率与瓦斯压力的关系[81]：

$$\varphi = 1 - \frac{1 - \varphi_0}{1 + \varepsilon_b}\left(1 + \frac{p_g - p_{g0}}{K_s}\right) \tag{4-6}$$

$$\frac{\partial \varphi}{\partial t} = (1 - \alpha)\frac{\partial \varepsilon_b}{\partial t} + \frac{1 - \varphi}{K_s}\frac{\partial p_g}{\partial t} \tag{4-7}$$

式中　K_s——煤的骨架体积模量；

ε_b——煤的体积应变；

p_{g0}——初始瓦斯压力，Pa。

4.3.3 煤巷掘进煤壁瓦斯涌出量计算模型

4.3.3.1 煤巷掘进巷道两侧煤壁瓦斯涌出

煤巷掘进过程中沿掘进方向的每个断面上瓦斯涌出量从揭露开始均以相同趋势随时间不断衰减，可将煤巷掘进的三维空间的瓦斯渗流模型转化为煤巷断面的二维瓦斯渗流模型对时间维的积分。煤壁瓦斯涌出量的时间递推关系式[77]：

$$Q_t = Q_{t,t-1} + Q_{t-1} = Q_{t,t-1} + Q_{t-1,t-2} + Q_{t-2} = \sum_{t=1}^{n} Q_{t,t-1} \tag{4-8}$$

$$= \sum_{i=1}^{n} \frac{q_{t-t_{i-1}} + q_{t-t_i}}{2} l_i = \sum_{i=1}^{n} \frac{q_{t-t_{i-1}} + q_{t-t_i}}{2} v_i \delta_i t \tag{4-9}$$

式中 t——掘进时间，h；

Q_t——t 时刻煤巷全长 l_t 的瞬时瓦斯涌出量；

l_i——时刻 t_i 的巷道距离，m；

Q_{t-1}——t 时刻掘进距离为 l_{t-1} 的煤壁瞬时瓦斯涌出量，m³/h；

$Q_{t,t-1}$——新揭露煤壁（$l_t - l_{t-1}$）的瓦斯涌出量；

v_i——t_i 时刻的掘进速度，m/h；

$\delta_i t$——煤壁揭露的 $t_i \sim t_{i+1}$ 时间间隔，h；

q_{t-t_i}——t 时刻，l_i 位置的巷道断面瓦斯涌出量，m²/h，$q_1 = q_0$。

$$q_{t-t_i} = \oint v_g \mathrm{d}s \tag{4-10}$$

式中 v_g——t 时刻巷道壁瓦斯渗流速度，m/h；

s——断面周长，m。

式（4-9）可表示为距离或时间的积分表达式[151]：

$$Q_t = \int_0^l q(l - l') \mathrm{d}l' = \int_0^t q(t - t') v(t') \mathrm{d}t' \tag{4-11}$$

式中 l'，t'——积分变量。

对式（4-1）、式（4-7）进行瓦斯流动的固气耦合模型数值计算，得到煤壁上某点随时间变化的瓦斯渗流速度 v_g。将该值代入式（4-10）及式（4-9）得到煤壁瓦斯涌出量随时间的变化关系。

4.3.3.2 煤巷掘进工作面前方煤壁瓦斯涌出

煤巷掘进不断揭露新鲜煤体，导致工作面瓦斯涌出初始速度较高，且停掘或掘进速度放慢后瓦斯涌出速度衰减较快。将掘进 1h，两侧新鲜暴露煤壁的瓦斯涌出速度均值作为掘进工作面前方煤壁的瓦斯涌出速度。掘进工作面前方煤壁瓦斯涌出量为：

$$Q_{\text{face}} = S \bar{v}_g = S \frac{Q_{0 \sim T}}{2vhT} \tag{4-12}$$

式中　　S——掘进工作面前方煤壁暴露面积，m^2；

　　　　T——掘进时间，h；

　　　　$\bar{v}_g$——T时间内两侧新鲜煤壁瓦斯涌出速度均值；

　　　　$Q_{0\sim T}$——巷道掘进的 T 小时内两侧壁面瓦斯涌出量；

　　　　v——掘进速度，m/h；

　　　　h——巷道高度，m。

将式（4-10）、式（4-11）代入式（4-12），并假设巷道断面为矩形，顶底板不透气，得

$$Q_{\text{face}} = S\frac{\int_0^T \left(\oint v_g \mathrm{d}s \right) v(t')\mathrm{d}t'}{2vhT} \tag{4-13}$$

$$= S\frac{\int_0^T v_g \mathrm{d}t'}{T} = S\int_0^1 v_g \mathrm{d}t' \tag{4-14}$$

4.4　煤巷断面瓦斯涌出的数值计算

4.4.1　数值计算平台

本章采用 COMSOL Multiphysics® 作为数值计算平台，如图 4-4 所示。

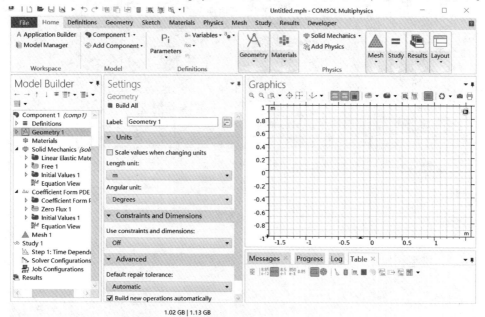

图 4-4　COMSOL 界面

COMSOL Multiphysics®是一款通用的仿真软件，可用于工程、制造和科学研究的绝大多数领域。软件中提供完全耦合的多物理场和单物理场建模功能，可针对电磁、结构力学、声学、流体流动、传热和化工等领域的问题建立数值模型。因其具有强大的流、固、温多场耦合能力和自定义单元本构的便捷性，在煤矿瓦斯相关研究领域，如瓦斯抽采、煤层气赋存、保护层开采等众多瓦斯与煤岩相互作用、耦合紧密的方向具有广泛的应用。

4.4.2　计算的几何模型

为使模型具有一般性，假设煤体的物理力学性质稳定，煤巷沿直线掘进，并忽略沿煤巷掘进方向煤层厚度变化。以 4 号煤层 2402 工作面标高−142m 位置掘进采区回风巷掘进为工程背景，根据图 4-1 中掘进巷道空间关系建立平面应变有限元计算模型（图 4-5），研究从巷道断面揭露到巷道断面瓦斯流动逐渐稳定的过程。研究域宽×高：70m×40m；煤层厚 2.8m，倾角 43°；巷道简化为与煤层平行的矩形断面，宽 2.5m，距下边界层面距离 28m，距上边界层面距离 25m。

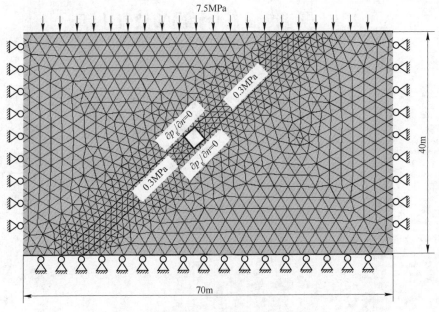

图 4-5　煤巷断面瓦斯涌出量计算几何模型

4.4.3　模型初始条件和边界条件

4.4.3.1　边界条件

模型左右两侧边界限制水平方向位移；下边界变形场约束垂直位移；上边界

施加变形场垂直应力 $p_{s(top)} = 7.5\text{MPa}$，以模拟上覆岩层自重；煤层上下边界瓦斯压力为原始瓦斯压力，设置远场瓦斯压力边界条件 p_g 为 0.30MPa 相对大气压力；煤层顶底板透气性差，设为不透气边界，如图 4-5 所示。

4.4.3.2 初始条件

在巷道开挖前通过稳态计算得到原始应力状态。巷道开挖时巷道壁原始瓦斯压力与大气压相同，为 0.1MPa。其他边界条件保持不变。

4.4.4 数值计算参数

巷道掘进全长 200m，平均掘进速度 2m/天，因此将数值计算时间定为 200 天，以便对巷道掘进全过程的瓦斯压力及瓦斯涌出变化规律进行研究。模型主要参数见表 4-2。

表 4-2 数值计算主要参数

参数	参数值
吸附常数 $a/\text{m}^3 \cdot \text{kg}^{-1}$	0.032
吸附常数 b/MPa^{-1}	1.35
灰分 A/%	2.29
水分 B/%	15.82
原始孔隙率 φ_0	0.039
煤体密度 $\rho/\text{kg} \cdot \text{m}^{-3}$	1410
煤弹性模量 E/MPa	180
煤体泊松比 ν	0.38
瓦斯压缩因子 $\beta_g/\text{kg} \cdot \text{Pa}^{-1} \cdot \text{m}^{-3}$	0.9982×10^{-5}
瓦斯动力黏度 $\mu/\text{Pa} \cdot \text{s}$	1.12×10^{-5}
顶底板岩石密度$/\text{kg} \cdot \text{m}^{-3}$	2375
顶底板岩石弹性模量/GPa	8.8
顶底板岩石泊松比	0.23

4.5　煤巷瓦斯涌出计算结果与分析

在数值计算分析中，根据式（4-3）进行瓦斯压力场计算，通过式（4-6）和式（4-7）反映变形场的影响；同时，在变形场计算中，通过 Biot 系数及瓦斯压力 p_g 反映瓦斯压力场的影响，从而实现变形场和瓦斯压力场的双向耦合；然后根据确定的初边值条件和数值计算参数进行工程实例的数值计算求解，所得数值计算结果及分析如下。

4.5.1　巷道掘进引起断面瓦斯渗流参数变化

煤巷掘进后煤层瓦斯在瓦斯压力梯度作用下涌出巷道壁，引起煤体内瓦斯压力重新分布[93,152]，如图 4-6、图 4-7 所示。

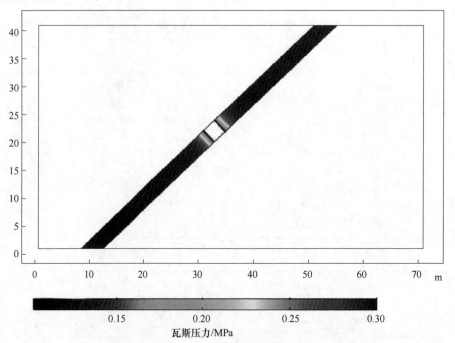

瓦斯压力/MPa

图 4-6　揭露 1 天后煤巷断面瓦斯压力分布图

图 4-6 为巷道断面揭露 1 天的煤层瓦斯压力分布图。此时瓦斯压力变化主要集中于巷道两侧约 3m 范围内。图 4-7 是巷道断面揭露 200 天的煤层瓦斯压力分布图，此时煤层瓦斯压力的改变扩展至大部分研究区域。通过将巷道断面瓦斯压力瞬态计算结果按时间插值得到图 4-8 所示 200 天时煤壁瓦斯压力的三维分布图。其中 z 方向为时间轴，单位为天，z 坐标为 0 天对应当前时间，z 坐标为 200 天对应掘进刚开始时刻。xy 平面为巷道断面。

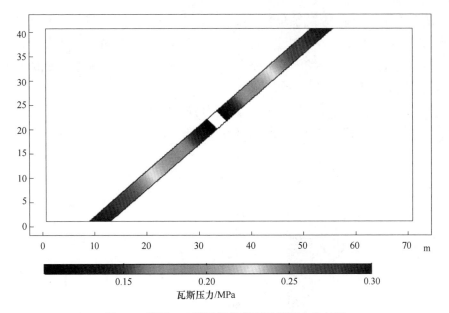

图 4-7　揭露 200 天后煤巷断面瓦斯压力分布图

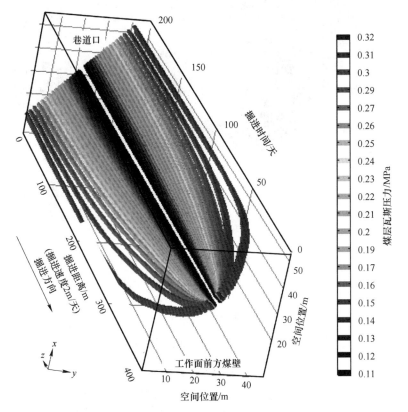

图 4-8　煤巷掘进 200 天煤壁内瓦斯压力三维分布图

从图 4-8 中可知，从当前位置到煤巷入口，掘进引起的瓦斯压力重新分布逐渐向两帮内部扩展，呈由入口指向掘进工作面的"锥形"分布。当掘进速度恒定，根据式（4-11）将图 4-8 中 z 轴乘以掘进速度即得到煤巷掘进形成的瓦斯压力三维空间分布图。

采用相同插值的方法，将瓦斯压力 p 及体应力 Θ 的计算结果代入式得到图 4-9 所示掘进过程中煤层渗透率的三维分布图。

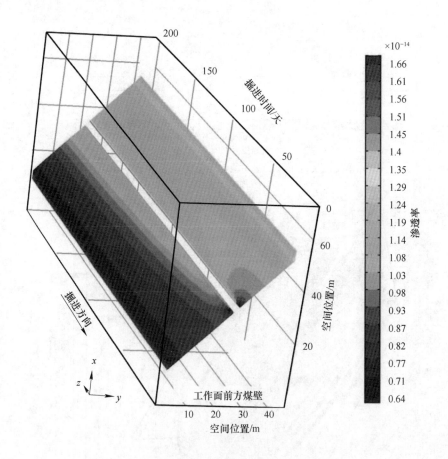

图 4-9 煤巷掘进 200 天煤层渗透率三维分布图

图 4-9 中，巷道开挖破坏了初始状态下以稳定梯度自下而上增加的煤层渗透率分布。巷道开挖后下侧煤体渗透率仍呈梯度分布，上侧煤体渗透率分布较复杂，从煤壁到模型边界呈先减小后增大的趋势。

煤层瓦斯含量的三维分布如图 4-10 所示。比较图 4-8 与图 4-10，煤巷开挖后煤层瓦斯含量分布与瓦斯压力分布具有较高的相似度。

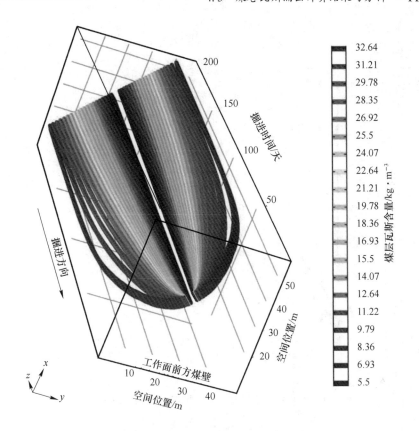

图 4-10　煤巷掘进 200 天煤层瓦斯含量三维分布图

4.5.2　巷道掘进速度对煤壁瓦斯涌出量的影响

根据图 4-8、图 4-9，利用 Darcy 定律，得到沿掘进方向上巷道壁面的瓦斯涌出速度分布。掘进速度分别取为 2m/天和 3m/天，通过式（4-11）进行时间积分得到图 4-11 所示两侧煤壁瓦斯涌出量随时间的变化关系，进行距离积分得到图 4-12 所示两侧煤壁瓦斯涌出量随掘进距离的变化曲线。

根据式（4-13），将断面煤壁瓦斯涌出的积分时间缩短为 1h 以提高掘进工作面前方煤壁瓦斯涌出量计算精度，通过计算得到掘进工作面前方煤壁瓦斯涌出量恒定为 $0.96m^3/min$，图 4-11 和图 4-12 表示为水平线。

从图 4-11 可知，煤巷断面揭露初期的断面瓦斯涌出速度降幅剧烈，长期瓦斯涌出速度趋于平稳。随时间增加，新暴露煤壁面积不断增加，煤壁瓦斯涌出总量随时间的增加而增加，但增幅逐渐减小。在煤巷掘进初期煤壁瓦斯涌出量增幅变化较大，而长期增幅变化趋于平稳。

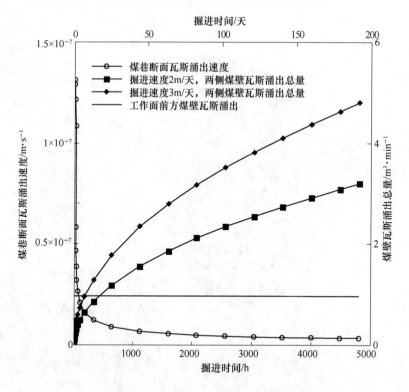

图 4-11 煤巷断面流量及煤壁瓦斯涌出量随时间变化曲线

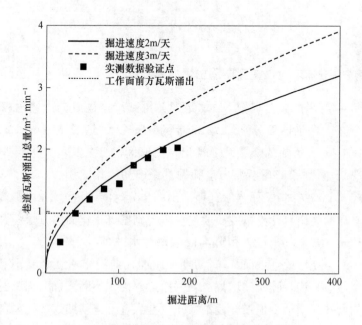

图 4-12 煤壁瓦斯涌出量随掘进距离变化曲线

为对模型进行工程验证，取工程实际中的瓦斯涌出量与模型计算结果进行对比。在实际工程中，巷道掘进平均速度约为 2m/天，取巷道掘进进度正常时（数据尽量在无放炮落煤的情况下进行测定，以减少放炮落煤的影响）的瓦斯涌出量实测数据来对模型进行验证，如图 4-12 所示。从图中可知基于固气耦合及巷道断面瓦斯涌出量时间积分的煤壁瓦斯涌出计算方法所得预测结果与实测瓦斯涌出量较符合。

为方便将数值计算结果用于现场瓦斯涌出总量预测，采用指数衰减多项式（exponential decay）对图 4-11 及图 4-12 中平均掘进速度 2m/天的瓦斯涌出总量数值计算结果进行拟合，得到：

$$y = -3.42e^{-\frac{x}{3281.47}} - 0.977e^{-\frac{x}{23.19}} + 3.944 \tag{4-15}$$

式中　y——煤壁瓦斯涌出总量，m^3/min；

　　　x——掘进时间，h。

拟合优度 $R_2 = 99.95\%$。

4.5.3 掘进循环对巷道两侧煤壁瓦斯涌出总量的影响

为研究采用不同循环掘进对瓦斯涌出总量的影响，将掘进速度表示为时间的分段函数。考虑具有相同日进尺而实际作业时间不同的两种掘进循环：一天两班掘进循环，掘进时间 16h，实际掘进速度为 0.125m/h，如式（4-16）所示；一天仅掘进 1h，实际掘进速度为 2m/h，如式（4-17）所示。

$$v_a = \begin{cases} 0.125m/h & t\,mod\,24 \leqslant 16 \\ 0 & else \end{cases} \tag{4-16}$$

$$v_b = \begin{cases} 2m/h & t\,mod\,24 \leqslant 1 \\ 0 & else \end{cases} \tag{4-17}$$

式中，mod 表示取模运算；else 表示条件选择。

图 4-13 为不同掘进循环煤壁瓦斯涌出量随时间的变化曲线。从图中可知，实际掘进时煤壁瓦斯涌出量逐渐增大，停掘后逐渐减小，煤壁瓦斯涌出量曲线呈锯齿状增加；每天实际掘进 1h 相比实际掘进 16h，每个循环内"锯齿"高度更高，即瞬时最大瓦斯涌出量更大，说明平均掘进速度相同，适当增加实际掘进工作时间、减小实际掘进速度有利于瞬时瓦斯涌出控制；随着掘进时间增加，"锯齿"高度与曲线高度比值逐渐减小。即间断式掘进时，单个循环内瓦斯涌出最大与最小差值几乎保持不变，但在巷道瓦斯涌出总量中所占比例逐渐减小。

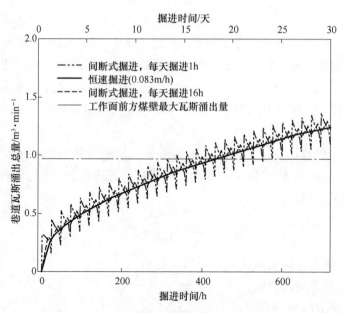

图 4-13　不同掘进循环的瓦斯涌出总量

将图 4-13 中"锯齿"底部（每天第 24h）作为参考比较点，对两种掘进循环在参考比较点的瓦斯涌出总量作差值（$v_a - v_b$），如图 4-14 所示。从图中可以看出，该值为正且随时间呈增加趋势，但掘进约 60 天后趋于稳定。且与瓦斯涌出总量的比值逐渐减小，在掘进 60 天后，约为 4%，因此计算掘进瓦斯涌出总量时可忽略掘进循环内瓦斯涌出量波动的影响。

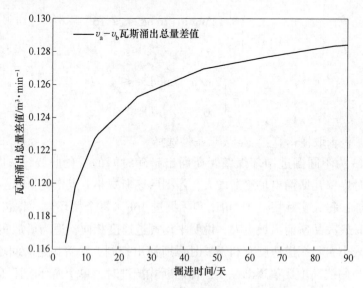

图 4-14　不同掘进循环的瓦斯涌出总量差异

4.6 基于煤巷掘进瓦斯涌出量的保护层开采残余瓦斯压力的确定

4.6.1 煤层瓦斯压力对煤巷掘进瓦斯涌出的影响

保护层开采工程,《防治煤与瓦斯突出规定》仅从消除煤层的突出危险性角度规定了煤层残余瓦斯压力不大于 0.74MPa, 未综合考虑被保护范围内掘进煤巷对煤层瓦斯的残余瓦斯压力要求[153]。这里从煤巷掘进瓦斯涌出角度对被保护层残余瓦斯压力的确定进行研究。

煤巷掘进的瓦斯涌出受到多种因素影响, 其中煤层瓦斯压力起到了重要作用。为分析被保护层残余瓦斯压力对煤巷掘进瓦斯涌出的影响, 在以上数值计算中将掘进速度设为 2m/天恒速, 其他条件保持不变, 煤层瓦斯压力以步长 0.05MPa, 从 0.2MPa 增加到 0.9MPa。不同煤层瓦斯压力条件下瓦斯涌出与掘进时间的变化关系如图 4-15 所示。

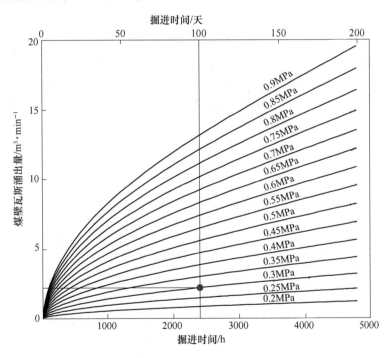

图 4-15 不同煤层瓦斯压力条件下长期瓦斯涌出量随掘进时间的变化

在图 4-15 中作 100 天时的一条竖线, 可以看到掘进相同时间 (100 天), 瓦斯压力越大, 煤壁瓦斯涌出总量越大。并且不同煤层瓦斯压力曲线的间距所代表的瓦斯涌出的差异也是越来越大的。周世宁等[77]指出煤巷掘进瓦斯涌出将在一段时间后保持恒定。这种不同的结果是因为煤层实际条件复杂，煤壁瓦斯涌出的影响因素较多，并且文献［77］中采取的拟合函数存在一定的近似误差。

为清楚地了解特定时刻煤层瓦斯压力对煤巷掘进瓦斯涌出量的影响，保持2m/天恒速掘进，在图4-16中分别绘制掘进20天、40天、60天、80天、100天时的煤巷掘进瓦斯涌出随煤层瓦斯压力变化曲线。图中曲线的凹型趋势表示在掘进过程中煤巷瓦斯涌出受煤层瓦斯影响很大，并且影响程度是随着煤层瓦斯增大而增大。另外，从不同时间的曲线斜率对比可知，煤层瓦斯压力对长时间掘进煤巷的瓦斯涌出的影响相比短时间掘进煤巷的影响更大。

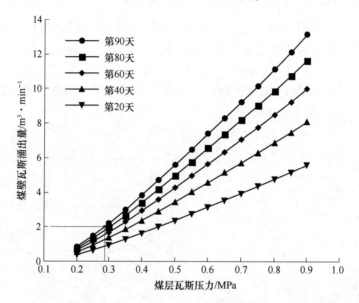

图4-16   不同掘进时间长期瓦斯涌出量随煤层瓦斯压力的变化

从图4-15和图4-16可知，煤层瓦斯压力对掘进煤巷的瓦斯涌出具有重要影响，特别是对于长时间煤巷掘进，煤层瓦斯压力的影响更大。尽管通常没有必要对煤巷所在煤层采取额外的瓦斯抽放措施，但在保护层开采过程中，通过确定被保护层残余瓦斯压力统筹考虑被保护层内煤巷掘进的瓦斯涌出问题。因此可确定被保护层瓦斯压力临界值，该值由煤巷设计长度、掘进速度和局扇风排能力确定。当煤层瓦斯压力小于该值，则煤巷掘进后期巷道瓦斯浓度不超限。

以工程背景中的煤巷掘进为例，设计掘进距离200m，掘进速度2m/天，局部通风机最大通风能力200m³/min。令巷道最高瓦斯容许浓度1%，巷道瓦斯涌出量最高不能超过2m³/min。从图4-15和图4-16可知，从煤巷掘进瓦斯涌出角度，被保护层的临界瓦斯压力约为0.3MPa。

为方便煤巷掘进瓦斯涌出数值计算结果应用，作如图 4-17 所示的煤巷掘进瓦斯涌出量对掘进时间及煤层瓦斯压力关系的曲面。图中煤巷掘进速度为 2m/天恒速。根据式（4-11），其他掘进速度下的煤巷瓦斯涌出可通过乘以掘进速度的倍数得到。

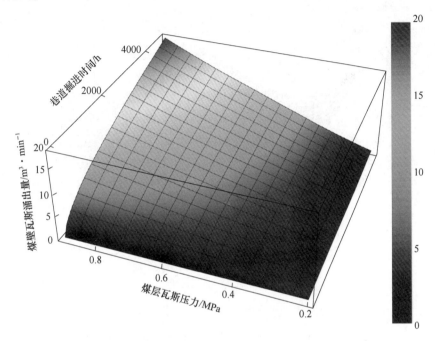

图 4-17　掘进巷道瓦斯涌出量、煤层瓦斯压力和掘进时间关系的三维曲面

4.6.2　基于煤巷掘进瓦斯涌出的煤层瓦斯压力临界面

令煤巷掘进时瓦斯涌出使巷道空间瓦斯浓度等于最高容许浓度 1%：

$$Q(p,\ t,\ v) = Q_{\text{critical}} \tag{4-18}$$

式中　Q_{critical}——局部通风机通风能力下瓦斯浓度为最高容许浓度（1%）时的瓦斯涌出量。

根据工程背景中的煤巷掘进参数及 1% 的最高瓦斯容许浓度，通过对式插值得到图 4-18 中所示临界面。

在图 4-18 中，煤层瓦斯压力、煤巷掘进速度及设计掘进时间三者确定的点的位置在碗状曲面以上（碗内），局部通风机的通风能力不能达到瓦斯涌出的要求，瓦斯浓度将超标，对煤巷掘进的安全作业造成威胁，必须采取额外措施降低煤巷瓦斯浓度。例如，图 4-18 中圆点的坐标为（2/24.0，4000.0，0.3）代表了掘进速度 2m/天恒速，设计掘进时间 4000h，煤层瓦斯压力

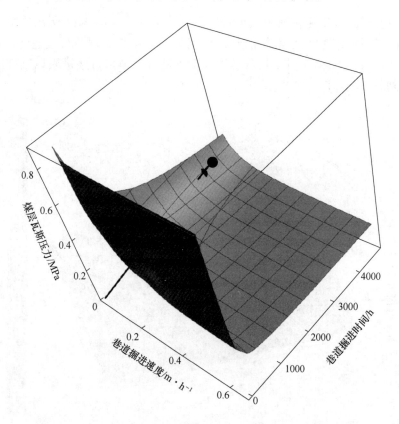

图 4-18   基于巷道瓦斯最高容许浓度(1%)确定的巷道掘进速度、
掘进时间与煤层瓦斯压力临界面

0.3MPa。该红点位于碗内，从原点到该点的直线与临界曲面相交于图中的黑点处。该掘进条件下，煤巷掘进的后期通风条件将恶化。可通过保护层开采及相应的卸压抽采措施进一步降低保护范围内的残余瓦斯压力，从而使煤巷掘进条件的组合在图 4-18 中临界曲面以外，保障保护范围内煤巷掘进全程瓦斯涌出量控制在容许范围内。

4.7   本章小结

（1）在煤层群保护层开采基础上，从传统二维煤巷瓦斯涌出量计算方法中引入固气耦合模型，提出了基于固气耦合及被保护层煤巷断面瓦斯涌出量时间积分的煤壁瓦斯涌出计算方法。通过叠加不同时刻煤巷断面上的煤层瓦斯压力及煤层渗透率分布，得到了对应的三维分布图。

（2）掘进速度恒定，煤壁瓦斯涌出量随时间、掘进距离逐渐增大，但增幅不断减小，符合指数衰减多项式的变化规律。利用指数衰减多项式对煤壁瓦斯涌出量随时间、掘进距离的变化关系拟合，拟合效果较好。

（3）间断式掘进循环的煤壁瓦斯涌出量呈锯齿状增加，总体趋势与恒速掘进相同。随时间增加，不同掘进循环瓦斯涌出总量差异趋于稳定。长时间掘进，掘进循环内瓦斯涌出量波动对瓦斯涌出总量的影响可忽略。

（4）保护层开采被保护层残余瓦斯压力对煤巷掘进长期瓦斯涌出具有重要影响，并且被保护层残余瓦斯压力越大影响程度越高。得到了考虑残余瓦斯压力、煤巷掘进速度及掘进时间的临界曲面。利用煤巷掘进参数与该临界曲面的相对位置可确定被保护层内煤巷掘进巷道内瓦斯浓度水平。

（5）根据该临界面，从被保护层煤巷掘进瓦斯涌出的角度进一步限定了保护层卸压抽采残余瓦斯压力值。在掘进速度和通风能力一定条件下，为保证被保护层煤巷掘进瓦斯浓度保持在规定范围内，确定了既能保证被保护层区域防突临界瓦斯压力不超标又能达到被保护层煤巷掘进瓦斯涌出不超标的综合临界残余瓦斯压力，为确保煤层群被保护层安全开采从本质上解决瓦斯灾害防治问题具有指导作用。

5 上保护层开采现场试验研究

科学问题的研究，一般需要在理论假设前提下对工程问题的现实条件作一定程度的简化和抽象。采用物理相似模拟的研究方法进行不同层间距煤层群下保护层开采保护效果变化规律的研究，为保证研究结论的可靠性，要求对相似模拟与现场考察结果进行对比分析，并能对差异作出合理的解释。

5.1 现场考察内容

由于实验条件的特点，物理相似模拟实验中难以考虑瓦斯压力的影响，而是将被保护层的膨胀变形量及地应力卸压程度作为保护层开采消突效果考察指标。保护层开采后采动影响以围岩变形及应力变化的方式传递致被保护层，被保护层的应变与应力变化是保护层开采消突的基础。《防治煤与瓦斯突出规定》中主要基于瓦斯压力值确定消突效果，瓦斯压力值是消突效果的直接体现，而瓦斯压力的下降的根本原因是应力、应变的变化。本章将保护范围作为检验基于物理相似模拟实验所得研究结论可靠性的依据，通过对比现场基于瓦斯压力值的保护范围、基于《防治煤与瓦斯突出规定》推荐卸压角的保护范围及基于物理相似模拟实验确定的保护范围，对研究结论进行验证。

本章以南桐矿区东林煤矿上保护层开采工程为背景，测定保护层开采前后，在《防治煤与瓦斯突出规定》中推荐的上下卸压角所确定的保护范围边界附近的瓦斯压力变化，并以被保护层残余瓦斯压力确定保护层开采的保护范围。

5.2 东林煤矿上保护层开采的现场试验

东林煤矿属于南桐煤田，位于四川盆地东南缘，地处重庆市綦江区的重庆万盛经济技术开发区，距重庆主城区135km。

该矿总体呈南北走向，长约8.5km。矿井目前的生产水平为-200m水平，深部边界延深至-500m水平，采用竖井多水平分区开拓，矿井设计生产能力30万吨/年。目前该矿主要开采鲜家坪背斜南部的甘家坪向斜的二叠系龙潭组K4和K6煤层两层。

南桐矿区是重庆市重要的动力煤供应基地，对重庆市乃至西南地区工农业国民经济建设起着十分重要的作用。东林煤矿是南桐矿区内煤与瓦斯突出灾害较严重的矿井之一，所开采的 K4、K6 煤层均为突出煤层。矿井曾因发生煤与瓦斯突出，引起瓦斯爆炸，造成 6 人受伤，82 人死亡，且还存在延期突出和工作面后方突出等异常突出情况。

该矿建矿以来共发生过煤与瓦斯突出事故 200 多次，其中 K4 煤层具有严重突出危险性，突出 152 次，最大突出强度 3500t/次，瓦斯涌出 20 万立方米；K6 煤层和 K5 煤层，共发生突出 42 次；煤与瓦斯突出共造成 54 人受伤，10 人死亡，详见表 5-1。因此，煤与瓦斯突出灾害是东林煤矿实现煤与瓦斯安全高效共采的最重要、最关键的制约因素。

表 5-1　东林煤矿 1955～2004 年期间煤与瓦斯突出情况

| 煤层 | 突出次数/次 | | 突出煤量 /t | 最大强度 /t·次$^{-1}$ | 平均强度 /t·次$^{-1}$ | 突出类型 | | | |
	发生	统计				突出	压出	倾出	喷出
3	1	1	7	7	7		1		
4	152	146	10957	3500	75.05	44	89	13	
6	41	40	1141	160	28.53		7	33	
合计	194	187	12105	3500	64.73	44	97	46	

5.2.1　保护层开采工程概况

由于矿区内存在地层倒转，煤层赋存条件变化较大，地质构造复杂。保护层开采现场考察区域为 3607 保护层开采工作面，开采标高−190～−100m，埋深 440～540m，煤层平均倾角 68°。该工作面开采 K6 煤层，作为保护层，保护下部 K4 煤层。该区 K4 煤层平均厚度为 2.4m；K6 平均厚度为 1.5m，K4 与 K6 煤层间距平均为 38.0m。根据煤层急倾斜的特点，采煤工作面采用俯伪斜柔性掩护支架，伪斜角 30°，炮采落煤，采空区采用全部垮落法管理处理。

5.2.2　现场测试方案

5.2.2.1　测压钻场布置

为减小保护层开采过程中被保护层卸压瓦斯向保护层越流并提高被保护层瓦斯回采效率，在 3607 保护层工作面下方保护层与被保护层间−110m 和−200m 标高掘进瓦斯抽放岩巷，如图 5-1 所示。为检验《防治煤与瓦斯突出规定》中指定卸压角所确定被保护层卸压保护范围，在这两条瓦斯抽放巷内布置测试钻孔场，设计分别向保护范围上下边界各施工 5 个测试钻孔，测定 K4 煤层保护范围上下边界的瓦斯压力。为消除相邻孔的相互影响，同在上侧或下侧的瓦斯测压钻孔走向上间隔 15~20m。

图 5-1 为现场考察倾向上下边界瓦斯压力变化的测试钻孔剖面图。

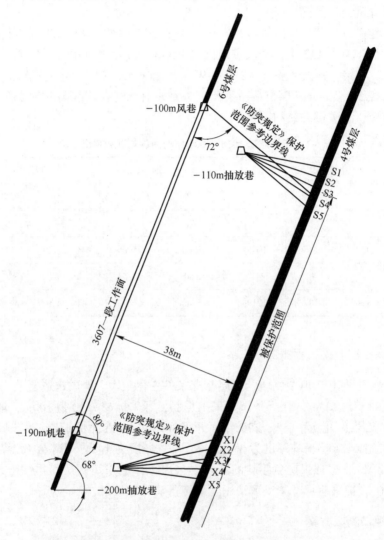

图 5-1 现场倾向保护范围考察钻孔布置剖面图

5.2.2.2 测压及封孔方式

煤层瓦斯压力可采用直接法与间接法测定[77]。间接法通过采集煤样通过实验室测定瓦斯含量反算得到原始状态瓦斯压力。对于高瓦斯压力的情况，煤样采集过程中瓦斯释放量较大，瓦斯压力测定结果偏小。目前保护层开采效果检验主要采用煤层瓦斯压力直接测定法。瓦斯压力直接测定法通过向煤层内部打测压钻孔，钻孔密封后等待瓦斯压力自动回升到原始瓦斯压力，即被动测压，或向煤层内主动注入气体促进气体压力的平衡，即主动测压法。本节选择常用的被动直接测压法测定保护层开采过程中煤层瓦斯压力的变化规律。

根据《煤矿井下煤层瓦斯压力的直接测定方法》AQ/T 1047—2007，推荐使用GB/T 1527—1997 ϕ6mm×2mm 拉制铜管（承受内压大于 12MPa）或 GB/T 8163—1999 ϕ16mm×2mm 输送流体用无缝钢管（牌号 10、承受内压大于 12MPa）作为测压管。紫铜管质量轻，利于长钻孔的送入，在外力作用下具有较好的柔性，会随着采动影响下钻孔的变形而变形，保证了气路的通畅。而无缝钢管质量大，大仰角长距离钻孔送入测压钻孔难度大；需要多根短管通过螺纹和生胶带连接，在送入钻孔时及在采动影响下钻孔变形的情况下连接处易漏气。因此现场采用紫铜管作为测压管。按测压钻孔的设计长度加 1~2m 预留长度截断整圈紫铜管，在紫铜管的一端焊接压力表接头；另一端压死防止煤粉或岩屑进入管内将紫铜管堵死，在该端管身2m 左右范围内打眼成花管，使瓦斯能够进入管内，并焊上小支架，如图 5-2 所示。

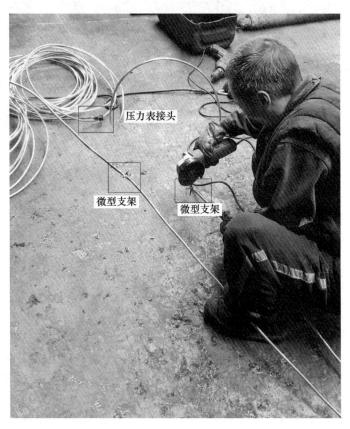

(a)

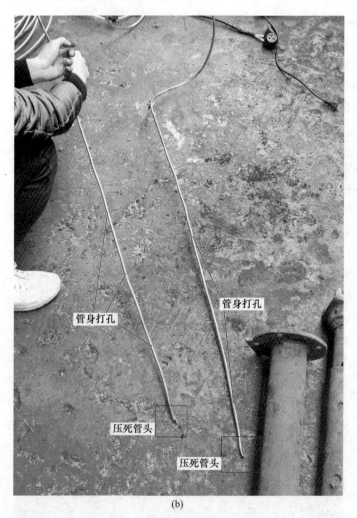

(b)

图 5-2　测压紫铜管的加工

(a) 压力表接头、支架的焊接；(b) 花管段的制作

现场采用聚氨酯封孔和水泥石膏浆机械封孔相结合的方法进行仰孔与俯孔测压孔的封孔，如图 5-3 所示。封孔时首先将紫铜管从钻孔内直接伸到煤层；在靠近钻孔口部用浸泡聚氨酯的棉纱快速封堵孔口，封孔长度 1.5～2m；根据钻孔的封孔长度计算出所需水泥石膏浆的体积，借助专用封孔机将预先配制好的体积比为 1∶8.3（石膏∶水泥）的水泥石膏浆通过注浆管注入钻孔直到全部注完为止；为了保证封孔质量，钻孔封孔长度应尽量接近煤层。封孔 48 h 后在测压孔口用瓦检仪测试钻孔口部是否存在瓦斯溢出。如果存在瓦斯溢出，说明封孔失败，应重新封孔或另外选择钻孔测压位置，如果无瓦斯溢出，说明测压孔封孔质量基本过关，可安装压力表测压。

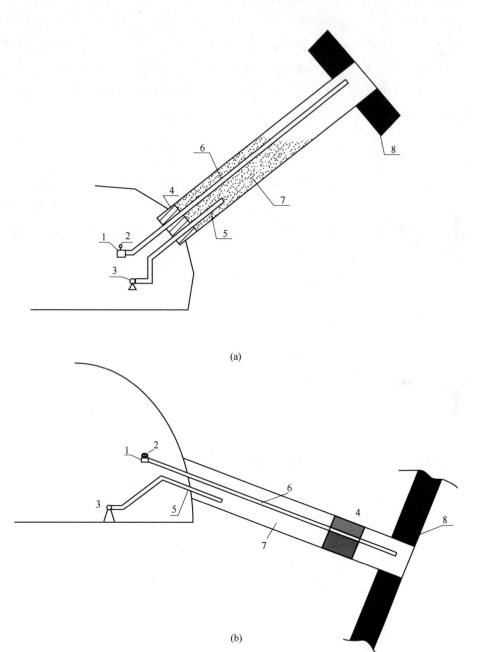

图 5-3 测压封孔示意图

（a）仰孔封孔；（b）俯孔封孔

1—压力表接头；2—压力表；3—注浆泵；4—马丽散；5—注浆管；

6—测压管；7—水泥砂浆；8—煤层

对于俯孔封孔方法，根据实际条件，充分利用已有材料及设备，在紫铜管的前端2~2.5m段缠棉纱，防止水泥石膏浆进入孔底，再注入水泥石膏浆，封堵3~5m，待水泥砂浆凝固后，最后再进行剩余段钻孔的注浆封孔。这样，既简化了封孔的材料和设备，又避免了俯孔封孔时水泥砂浆流入测压管前端堵塞测压管，同时也保证了封孔的长度和质量。

5.2.2.3 瓦斯流量的测定

被保护层瓦斯流量反映了煤层透气性系数的改变，通过瓦斯流量的测定辅助确定保护范围。被保护层瓦斯流量监测利用保护层开采卸压瓦斯抽放系统的现有钻孔，选择被保护层倾向中部的抽采管，撤除抽采管负压，并连接流量剂测定瓦斯流量。

5.2.3 现场测试结果及分析

5.2.3.1 瓦斯压力变化

现场有效测压孔10个，从中选出4个具有代表性的钻孔，其测得的钻孔瓦斯压力变化曲线如图5-4所示。

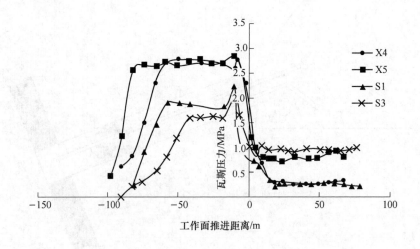

图5-4 被保护层瓦斯压力随工作面推进的变化曲线

5.2.3.2 瓦斯流量变化

被保护层中部测得瓦斯流量随保护层工作面推进的变化曲线如图5-5所示。

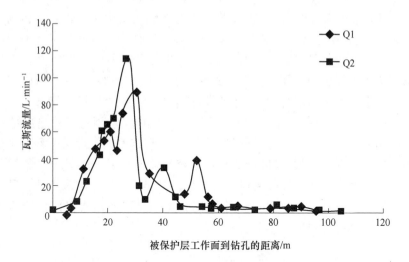

图 5-5 被保护层瓦斯流量随时间的变化曲线

5.2.3.3 倾向卸压角

图 5-4 中显示，保护层工作面推过一定距离，倾向上部的测压孔 S1、S3 相对瓦斯压力最终分别稳定在 0.29MPa 和 0.97MPa。对 S1、S3 间范围瓦斯压力线性插值，所得 0.74MPa 瓦斯压力对应的位置即保护范围上边界。由此计算得出上边界卸压角为 81°；同样地，在倾向下边界对 X4、X5 线性插值，得到保护范围下边界卸压角为 86°。

5.3 上保护层开采保护范围划定方法分析

为便于对比分析，表 5-2 列出了东林煤矿 3607 工作面保护层开采的 3 种不同保护范围划定方法所得卸压角。

表 5-2 卸压角的对比验证

划定方法	上边界卸压角 $\delta_4/(°)$	下边界卸压角 $\delta_3/(°)$
物理相似模拟	68	83
现场考察	81	86
《防突规定》参考值	72	80

　　从表5-2中可以看出，物理相似模拟下边界卸压角大于上边界卸压角，这与现场考虑结果、《防治煤与瓦斯突出规定》参考值结论一致；基于物理相似模拟方法所得的上下边界卸压角与《防治煤与瓦斯突出规定》参考值接近，相比现场考察方法所得卸压角整体上偏小，即特征相似模拟方法所得保护范围相比现场考察偏于安全。这是由于物理相似模拟是基于变形准则划定的，没有考虑被保护层高瓦斯压力与煤岩间的相互影响作用；由于三种方法划定保护范围的机理不同，物理相似模拟采用膨胀变形量作为保护范围划定参数，现场考察采用瓦斯压力作为保护范围划定参数，《防治煤与瓦斯突出规定》基于煤矿统计数据作为保护范围划定依据，因此保护范围划定结果存在一定的差异，但采用同一种保护范围确定方法论，通过煤层群赋存条件的改变（如煤层间距的变化）所得保护效果变化规律仍具有一定理论意义。

5.4　本章小结

　　为验证物理相似模拟实验结果，进行了东林煤矿上保护层开采保护范围的现场实测。基于上保护层开采实验工程参数，进行了物理相似模拟实验。所得结论如下：

　　（1）东林煤矿深部煤层群上保护层开采中，被保护层渗透率增加了36000多倍，说明保护层开采极大地提高了被保护层瓦斯抽采能力。根据被保护层残余瓦斯压力实验及0.74MPa煤层消突判定依据，确定上保护层开采倾向上边界卸压角为81°，倾向下边界卸压角为86°。

　　（2）通过对比分析瓦斯压力实测所定保护范围、物理相似模拟所定保护范围及《防治煤与瓦斯突出规定》参考值，验证了基于物理相似模拟进行保护层开采研究的可行性。

6 结论与展望

为研究保护层开采层间距变化对保护层开采效果的影响，以南桐矿区东林煤矿深部上保护层开采为工程背景，采用数值计算与响应面代理模型相结合的方法，研究了保护层开采效果受保护层开采赋存参数变化影响的敏感程度；通过物理相似模拟研究方法具体研究了煤层间距变化上保护层开采效果的变化规律；建立煤巷掘进瓦斯涌出的固气耦合模型，从突出煤层群保护层开采被保护层内煤巷掘进瓦斯涌出控制的角度，研究了突出煤层群保护层开采被保护层残余瓦斯压力与被保护层内煤巷掘进瓦斯涌出之间的关系；最后结合南桐矿区东林煤矿的现场考察，开展了突出煤层群上保护层开采保护范围划定方法的对比分析研究。

6.1 主要研究成果及结论

（1）针对突出煤层群保护层开采保护效果评价指标较多和保护层开采保护效果指标受多因素影响的复杂问题，采用响应面试验方法，建立了突出煤层群上保护层开采保护效果的二次多项式响应面模型；在此基础上，进行了煤层埋深、侧压系数、保护层厚度、煤层间距、煤层倾角等多因素对突出煤层群上保护层开采保护效果影响的量化对比分析研究。研究结果表明：倾向保护范围长度、上部卸压角、下部卸压角均受层间距变化影响最敏感，敏感度分别为-1.89、1.75、1.02；位置相关保护效果指标敏感度均小于0.7；卸压程度相关保护效果指标受开采参数变化影响均不敏感，敏感度数量级均小于10^{-3}。敏感度计算结果从量化上明确了层间距对保护层开采保护效果的重要影响。

（2）根据不同层间距的突出煤层群上保护层开采物理相似模拟实验分析，确定了不同层间距条件下突出煤层群被保护层的卸压分布规律和保护范围随煤层层间距的变化规律；研究表明：不同层间距上保护层开采的保护范围均小于《防治煤与瓦斯突出规定》中按煤层倾角得到的保护范围，且随着层间距的增加保护范围呈加速减小趋势；突出煤层群不同层间距被保护层卸压曲线均呈"凸形"，随突出煤层群层间距增加，被保护层小于原岩应力的卸压范围与"凸形"顶部卸压曲线顶部较大卸压的范围均呈减小趋势；对于倾斜煤层群，"凸形"中心线偏向下山方向。随着煤层间距增加，卸压范围中心位置向下山方向转移，卸压范围的卸压程度及应力集中范围的应力集中程度均呈减弱趋势，卸压范围内卸压程度在上山方向比下山方向上变化更大。

（3）在煤层群保护层开采基础上，从传统二维煤巷瓦斯涌出量计算方法中引入固气耦合模型，提出了基于固气耦合和被保护层煤巷断面瓦斯涌出量时间积分的煤壁瓦斯涌出计算方法，为煤层群保护层开采被保护层煤巷瓦斯涌出预测和超限控制奠定了理论基础；研究结果表明，被保护层煤巷掘进速度恒定时，煤壁瓦斯涌出量随时间和掘进距离逐渐增大，但增幅不断减小，符合指数衰减多项式的（Exponential Decay Polynomial）变化规律；利用指数衰减多项式对煤壁瓦斯涌出量随时间、掘进距离的变化关系拟合，拟合效果较好；间断式掘进循环的煤壁瓦斯涌出量呈锯齿状增加，总体趋势与恒速掘进相同；随时间增加，不同掘进循环瓦斯涌出总量差异趋于稳定；长时间掘进时，掘进循环内瓦斯涌出量波动对瓦斯涌出总量的影响可忽略。

（4）开展煤层群上保护层开采被保护层残余瓦斯压力对煤巷掘进瓦斯涌出影响的研究，确定了考虑被保护煤层残余瓦斯压力、煤巷掘进速度及掘进时间的临界曲面；利用被保护层煤巷掘进条件（工艺）参数与该临界曲面的相对位置，确定了被保护层掘进煤巷内瓦斯浓度水平；同时，按被保护层煤巷掘进瓦斯涌出超限控制的要求，能限定被保护层卸压抽采残余瓦斯压力值；在掘进速度和通风能力一定条件下，为保证被保护层煤巷掘进瓦斯浓度保持在规定范围内，确定了既能保证被保护层区域防突临界瓦斯压力（0.74MPa）不超标又能达到被保护层煤巷掘进瓦斯涌出不超标（CH_4 含量小于 1%）的综合临界残余瓦斯压力，为确保煤层群被保护层安全开采从本质上解决瓦斯灾害防治问题具有指导作用。

6.2 主要创新点

（1）针对突出煤层群保护层开采保护效果评价指标较多和保护层开采保护效果指标受多因素影响的复杂问题，建立了突出煤层群上保护层开采保护效果的二次多项式响应面模型；从量化上明确了煤层间距是影响突出煤层群保护层开采保护效果最敏感的因素。

（2）根据不同层间距的突出煤层群上保护层开采物理相似模拟实验分析，确定了不同层间距条件下突出煤层群被保护层的卸压分布规律和保护范围随煤层层间距的变化规律。

（3）在煤层群保护层开采基础上，从传统二维煤巷瓦斯涌出量计算方法中引入固气耦合模型，提出了基于固气耦合和被保护层煤巷断面瓦斯涌出量时间积分的煤壁瓦斯涌出计算方法，为煤层群保护层开采被保护层煤巷瓦斯涌出预测和超限控制奠定了理论基础。

（4）开展煤层群上保护层开采被保护层残余瓦斯压力对煤巷掘进瓦斯涌出影响的研究，确定了考虑被保护煤层残余瓦斯压力、煤巷掘进速度及掘进时间的临界曲面；提出了综合临界残余瓦斯压力的概念，并提出了既能保证被保护层区域防突临界瓦斯压力（0.74MPa）不超标又能达到被保护层煤巷掘进瓦斯涌出不超标（CH_4 含量小于 1%）的综合临界残余瓦斯压力确定的方法，对确保煤层群被保护层安全开采从本质上解决瓦斯灾害防治问题具有指导作用。

6.3　后续研究工作及展望

（1）在保护层开采赋存条件的敏感度分析中，数值模拟对保护层开采围岩变形移动的仿真程度是响应面模型取值是否合理、敏感度是否可靠的基础。为提高敏感度计算的准确性，需要进一步研究有限元计算本构关系、有限元建模在可靠度计算中的影响。

（2）根据相关研究及本书的敏感度分析，除煤层间距，其他赋存条件同样对保护层开采效果具有重要影响。限于目前保护层开采研究工作量及本书篇幅，书中仅研究了层间距对保护层开采效果的影响。采用何种研究方法，如何研究煤层倾角、煤层埋深、区域构造应力等煤层群赋存条件对保护层开采效果的影响还需要进一步探索。

（3）煤矿安全高效开采是采矿及相关领域研究的重要课题。保护层开采作为井下开采系统中的一个环节，与被保护层内瓦斯抽采、煤巷掘进、采区通风等环节相互协调。本书仅从被保护层煤巷掘进过程中瓦斯涌出与保护层开采残余瓦斯压力的关系方面进行研究，对保护层开采与井下其他环节的相互作用是今后保护层开采研究的方向。

参 考 文 献

[1] BP. BP Statistical Review of World Energy June 2017 [R]. 2017. https：//www. bp. com/en/global/corporate/energy-economics/statistical-review-of-world-energy. html.

[2] 国家统计局. 能源发展呈现新格局节能降耗取得新成效——党的十八大以来经济社会发展成就系列之八 [R]. 2017. http：//www. stats. gov. cn/tjsj/sjjd/201707/t20170707_1510973. html.

[3] 王韶辉, 才庆祥, 刘福明. 中国露天采煤发展现状与建议 [J]. 中国矿业, 2014, 23 (7)：83-87.

[4] 王宏图, 杨胜强, 唐敏康. 矿山安全技术及管理 [M]. 徐州：中国矿业大学出版社, 2012.

[5] 门相勇, 韩征, 高白水. 我国煤层气勘查开发现状与发展建议 [J]. 中国矿业, 2017, 26 (s2)：1-4.

[6] 中华人民共和国国土资源部. 全国矿产资源规划 2016—2020 年 [R]. 2016.

[7] 国家安全生产监督管理总局. 2015 年全国安全生产工作回顾 [R]. 2016. http：//www. chinasafety. gov. cn/newpage/Contents/Channel _4181/2016/0219/264936/content _264936. htm.

[8] 袁显平, 严永胜, 张金锁. 我国煤矿矿难研究综述 [J]. 中国安全科学学报, 2014, 24 (8)：132-138.

[9] 朱岩坤. 煤炭市场与煤矿安全生产关系探讨 [J]. 中国安全生产科学技术, 2016, 12 (s1)：258-262.

[10] 国汉芬. 煤矿安全事故致因因素经济学分析与风险管理方法 [D]. 北京：对外经济贸易大学, 2007.

[11] 国家煤矿安全监察局网站. 事故查询 [R]. http：//media. chinasafety. gov. cn：8090/iSystem/shigumain. jsp.

[12] 胡千庭, 赵旭生. 中国煤与瓦斯突出事故现状及其预防的对策建议 [J]. 矿业安全与环保, 2012, 39 (5)：1-6.

[13] 鲜学福, 辜敏, 李晓红, 等. 煤与瓦斯突出的激发和发生条件 [J]. 岩土力学, 2009, 30 (3)：577-581.

[14] 何祖荣. 介绍几种煤与瓦斯突出的预防方法 [J]. 合肥矿业学院学报, 1958, 1 (3)：63-77.

[15] 李希建, 林柏泉. 煤与瓦斯突出机理研究现状及分析 [J]. 煤田地质与勘探, 2010, 38 (1)：7-13.

[16] 彭苏萍. 深部煤炭资源赋存规律与开发地质评价研究现状及今后发展趋势 [J]. 煤, 2008, 17 (2)：1-11.

[17] 何满潮. 深部的概念体系及工程评价指标 [J]. 岩石力学与工程学报, 2005, 24 (16)：2854-2858.

[18] 胡国忠. 急倾斜多煤层俯伪斜上保护层开采的关键问题研究 [D]. 重庆：重庆大学, 2009.

[19] 王海锋, 程远平, 刘桂建, 等. 被保护层保护范围的扩界及连续开采技术研究 [J]. 采矿

与安全工程学报, 2013, 30 (4): 595-599.

[20] 张华磊, 涂敏. 下保护层开采对上覆巷道稳定性的影响 [J]. 山东煤炭科技, 2007 (6): 51, 53.

[21] 郭世儒, 茅献彪, 缪盛凯, 等. 下保护层开采对上覆巷道围岩稳定性的影响 [J]. 煤矿安全, 2017, 48 (12): 203-206.

[22] 袁亮. 煤炭精准开采科学构想 [J]. 煤炭学报, 2017, 42 (1): 1-7.

[23] 于不凡. 开采解放层的认识与实践 [M]. 北京: 煤炭工业出版社, 1986.

[24] 程远平, 俞启香. 中国煤矿区域性瓦斯治理技术的发展 [J/OL]. 采矿与安全工程学报, 2007, 24 (4): 383-390.

[25] 欧聪, 李日富, 谢向东. 被保护层保护效果的影响因素研究 [J]. 矿业安全与环保, 2008, 35 (4): 8-13.

[26] 彭赐灯. 矿山压力与岩层控制研究热点最新进展评述 [J]. 中国矿业大学学报, 2015, 44 (1): 1-8.

[27] PENG S. Advances in Coal Mine Ground Control [M]. Woodhead Publishing Series in Energy. [S. l.]: Woodhead Publishing, 2017.

[28] 钱鸣高. 矿山压力与岩层控制 [M]. 徐州: 中国矿业大学出版社, 2003.

[29] 缪协兴, 钱鸣高. 采动岩体的关键层理论研究新进展 [J]. 中国矿业大学学报, 2000, 29 (1): 25-29.

[30] 钱鸣高, 缪协兴, 黎良杰. 采场底板岩层破断规律的理论研究 [J]. 岩土工程学报, 1995, 17 (6): 55-62.

[31] 缪协兴, 钱鸣高. 采场围岩整体结构与砌体梁力学模型 [J]. 矿山压力与顶板管理, 1995, 1 (3): 3-12.

[32] 钱鸣高, 张顶立, 黎良杰. 砌体梁的 "S-R" 稳定及其应用 [J]. 矿山压力与顶板管理, 1994, 1 (3): 6-11.

[33] 许家林, 钱鸣高. 岩层控制关键层理论的应用研究与实践 [J]. 中国矿业, 2001, 10 (6): 54-56.

[34] 钱鸣高, 缪协兴. 采场上覆岩层结构的形态与受力分析 [J]. 岩石力学与工程学报, 1995, 14 (2): 97-106.

[35] 涂敏, 付宝杰. 关键层结构对保护层卸压开采效应影响分析 [J]. 采矿与安全工程学报, 2011, 28 (4): 536-541.

[36] 王宏图, 范晓刚, 贾剑青, 等. 关键层对急斜下保护层开采保护作用的影响 [J]. 中国矿业大学学报, 2011, 40 (1): 23-28.

[37] 王海锋, 程远平, 吴冬梅, 等. 近距离上保护层开采工作面瓦斯涌出及瓦斯抽采参数优化 [J]. 煤炭学报, 2010, 35 (4): 590-594.

[38] 范晓刚, 王宏图, 胡国忠, 等. 急倾斜煤层俯伪斜下保护层开采的卸压范围 [J]. 中国矿业大学学报, 2010, 39 (3): 380-385.

[39] 胡国忠, 王宏图, 范晓刚, 等. 急倾斜俯伪斜上保护层保护范围的三维数值模拟 [J]. 岩石力学与工程学报, 2009, 28 (z1): 2845-2852.

[40] 石必明, 刘泽功. 保护层开采上覆煤层变形特性数值模拟 [J]. 煤炭学报, 2008, 33 (1):

17-22.

[41] 高峰, 许爱斌, 周福宝. 保护层开采过程中煤岩损伤与瓦斯渗透性的变化研究 [J]. 煤炭学报, 2011, 36 (12): 1979-1984.

[42] 齐消寒. 近距离低渗煤层群多重采动影响下煤岩破断与瓦斯流动规律及抽采研究 [D]. 重庆: 重庆大学, 2016.

[43] 舒才. 深部不同倾角煤层群上保护层开采保护范围变化规律与工程应用 [D]. 重庆: 重庆大学, 2017.

[44] 屠世浩. 岩层控制的实验方法与实测技术 [M]. 徐州: 中国矿业大学出版社, 2010.

[45] 顾大钊. 相似材料和相似模型 [M]. 徐州: 中国矿业大学出版社, 1995.

[46] 张军, 王建鹏. 采动覆岩"三带"高度相似模拟及实证研究 [J]. 采矿与安全工程学报, 2014, 31 (2): 249-254.

[47] 郭文兵, 刘明举, 李化敏. 多煤层开采采场围岩内部应力光弹力学模拟研究 [J]. 煤炭学报, 2001, 26 (1): 8-12.

[48] 尹光志, 李小双, 郭文兵. 大倾角煤层工作面采场围岩矿压分布规律光弹性模量拟模型试验及现场实测研究 [J]. 岩石力学与工程学报, 2010, 29 (s1): 3336-3343.

[49] 王怀文, 周宏伟, 左建平, 等. 光测方法在岩层移动相似模拟实验中的应用 [J]. 煤炭学报, 2006, 31 (3): 278-281.

[50] 王志国, 周宏伟, 谢和平, 等. 深部开采对覆岩破坏移动规律的实验研究 [J]. 实验力学, 2008, 23 (6): 503-510.

[51] 魏世明, 马智勇, 李宝富, 等. 围岩三维应力光栅监测方法及相似模拟实验研究 [J]. 采矿与安全工程学报, 2015, 32 (1): 138-143.

[52] 朴春德, 施斌, 魏广庆. 采动覆岩变形 BOTDA 分布式测量及离层分析 [J]. 采矿与安全工程学报, 2015, 32 (3): 376-381.

[53] XIONG Z Q, WANG C, ZHANG N C, et al. A field investigation for overlying strata behaviour study during protective seam longwall overmining [J]. Arabian Journal of Geosciences, 2015, 8 (10): 7797-7809.

[54] 陈彦龙, 吴豪帅, 张明伟, 等. 煤层厚度与层间岩性对上保护层开采效果的影响研究 [J]. 采矿与安全工程学报, 2016, 33 (4): 578-584.

[55] 刘洪永, 程远平, 赵长春, 等. 保护层的分类及判定方法研究 [J]. 采矿与安全工程学报, 2010, 27 (4): 468-474.

[56] 李树刚, 魏宗勇, 潘红宇, 等. 上保护层开采相似模拟实验台的研发及应用 [J]. 中国安全生产科学技术, 2013, 9 (3): 5-8.

[57] 贺爱萍, 付华, 路洋波. 保护层开采被保护层膨胀变形分析方法 [J]. 中国安全生产科学技术, 2016, 12 (8): 60-67.

[58] HUG Z, WANGH T, LIX H, et al. Numerical simulation of protection range in exploiting the upper protective layer with a bow pseudo-incline technique [J]. Mining Science and Technology (China), 2009, 19 (1): 58-64.

[59] 李洪生, 李树清, 谭玉林. 煤层群保护层开采研究的现状与趋势 [J]. 矿业工程研究, 2015, 30 (3): 45-49.

［60］胡国忠，王宏图，袁志刚．保护层开采保护范围的极限瓦斯压力判别准则［J］.煤炭学报，2010，35（7）：1131-1136.

［61］国家安全生产监督管理总局．防治煤与瓦斯突出规定［S］.2009.

［62］梁冰，章梦涛，潘一山，等．煤和瓦斯突出的固流耦合失稳理论［J］.煤炭学报，1995，20（5）：492-496.

［63］胡千庭，邹银辉，文光才，等．瓦斯含量法预测突出危险新技术［J］.煤炭学报，2007，32（3）：276-280.

［64］袁亮，薛生．煤层瓦斯含量法确定保护层开采消突范围的技术及应用［J］.煤炭学报，2014，39（9）：1786-1791.

［65］齐黎明，陈学习，程五一．瓦斯膨胀能与瓦斯压力和含量的关系［J］.煤炭学报，2010，35（s1）：105-108.

［66］王汉鹏，张冰，袁亮．吸附瓦斯含量对煤与瓦斯突出的影响与能量分析［J］.岩石力学与工程学报，2017，36（10）：2449-2456.

［67］岳高伟，袁军伟，郝明通．软、硬煤层残余瓦斯含量区域效果检验临界值研究［J］.中国安全生产科学技术，2015，8：132-138.

［68］刘彦伟，李国富．保护层开采及卸压瓦斯抽采技术的可靠性研究［J］.采矿与安全工程学报，2013，3：426-431，436.

［69］杜泽生，秦波涛，范迎春．保护层开采效果可信度评价模型及其应用研究［J］.采矿与安全工程学报，2017，1：185-191.

［70］钱鸣高．煤炭的科学开采［J］.煤炭学报，2010，35（4）：529-534.

［71］钱鸣高，许家林，缪协兴．煤矿绿色开采技术［J］.中国矿业大学学报，2003，32（4）：343-348.

［72］袁亮．我国深部煤与瓦斯共采战略思考［J］.煤炭学报，2016，41（1）：1-6.

［73］谢和平，周宏伟，薛东杰，等．我国煤与瓦斯共采：理论、技术与工程［J］.煤炭学报，2014，39（8）：1391-1397.

［74］程远平，俞启香．煤层群煤与瓦斯安全高效共采体系及应用［J］.中国矿业大学学报，2003，32（5）：471-475.

［75］程远平，周德永，俞启香．保护层卸压瓦斯抽采及涌出规律研究［J］.采矿与安全工程学报，2006，23（1）：12-18.

［76］王浩，赵毅鑫，焦振华，等．复合动力灾害危险下被保护层回采巷道位置优化［J］.采矿与安全工程学报，2017，34（6）：1060-1066.

［77］周世宁，林柏泉．煤层瓦斯赋存与流动理论［M］.徐州：煤炭工业出版社，1997.

［78］周世宁．瓦斯在煤层中流动的机理［J］.煤炭学报，1990，15（1）：15-24.

［79］杨其銮，王佑安．煤屑瓦斯扩散理论及其应用［J］.煤炭学报，1986，1（3）：87-94.

［80］程波．煤层瓦斯非线性流动理论研究现状与展望［J］.中州煤炭，2016，1（10）：10-13.

［81］陶云奇．含瓦斯煤THM耦合模型及煤与瓦斯突出模拟研究［D］.重庆：重庆大学，2009.

［82］王宏图，杜云贵，鲜学福，等．地球物理场中的煤层瓦斯渗流方程［J］.岩石力学与工程学报，2002，21（5）：644-646.

[83] 王刚, 程卫民, 郭恒, 等. 瓦斯压力变化过程中煤体渗透率特性的研究 [J]. 采矿与安全工程学报, 2012, 29 (5): 735-739, 745.

[84] 彭守建, 许江, 陶云奇, 等. 煤样渗透率对有效应力敏感性实验分析 [J]. 重庆大学学报 (自然科学版), 2009, 32 (3): 303-307.

[85] 王登科, 魏建平, 付启超, 等. 基于 Klinkenberg 效应影响的煤体瓦斯渗流规律及其渗透率计算方法 [J]. 煤炭学报, 2014, 10: 2029-2036.

[86] 高建良, 候三中. 掘进工作面动态瓦斯压力分布及涌出规律 [J]. 煤炭学报, 2007, 11: 1127-1131.

[87] 高建良, 吴金刚. 煤层瓦斯流动数值解算时空步长的选取 [J]. 中国安全科学学报, 2006, 7: 9-12.

[88] 梁冰, 刘蓟南, 孙维吉, 等. 掘进工作面瓦斯流动规律数值模拟分析 [J]. 中国地质灾害与防治学报, 2011, 4: 46-51.

[89] 刘伟, 宋怀涛, 李晓飞. 移动坐标下掘进工作面瓦斯涌出的无因次分析 [J]. 煤炭学报, 2015, 40 (4): 1127-1131.

[90] 秦跃平, 刘鹏. 煤层瓦斯流动模型简化计算误差分析 [J]. 中国矿业大学学报, 2016, 45 (1): 19-26.

[91] 郭晓华, 蔡卫, 马尚权, 等. 基于稳态渗流的煤巷掘进瓦斯涌出连续性预测 [J]. 煤炭学报, 2010, 35 (6): 932-936.

[92] WANG Z, REN T, CHENG Y. Numerical investigations of methane flow character-istics on a longwall face Part I: Methane emission and base model results [J]. Journal of Natural Gas Science and Engineering, 2017, 43: 242-253.

[93] Leszek (Les) W Lunarzewski. Gas emission prediction and recovery in underground coal mines [J]. International Journal of Coal Geology, 1998, 35 (1/2/3/4): 117-145.

[94] 何学秋. 煤巷瓦斯涌出规律及其连续性积分模型 [J]. 煤炭工程师, 1994, 1 (1): 23-27.

[95] 蔡毅, 邢岩, 胡丹. 敏感性分析综述 [J]. 北京师范大学学报 (自然科学版), 2008 (1): 9-16.

[96] TORTORELLI D A, MICHALERIS P. Design sensitivity analysis: Overview and review [J]. Inverse Problems in Engineering, 1994, 1 (1): 71-105.

[97] FREYHC, PATILSR. Identification and review of sensitivity analysis methods [J]. Risk Analysis, 2002, 22 (3): 553-578.

[98] 赵威. 结构可靠度分析代理模型方法研究 [D]. 哈尔滨: 哈尔滨工业大学, 2012.

[99] 彭康, 李夕兵, 彭述权, 等. 基于响应面法的海下框架式采场结构优化选择 [J]. 长沙: 中南大学学报 (自然科学版), 2011, 8: 2417-2422.

[100] 徐军, 郑颖人. 可靠度响应面有限元及其工程应用 [J]. 地下空间, 2001, 21 (5): 354-360.

[101] 章光, 朱维申. 参数敏感性分析与试验方案优化 [J]. 岩土力学, 1993, 14 (1): 51-57.

[102] 杨虎, 刘琼荪, 钟波. 数理统计 [M]. 北京: 高等教育出版社, 2004.

[103] TAN X. H, SHEN M. F, HOU X. L, et al. Response surface method of reliability analysis and

its application in slope stability analysis [J]. Geotech Geol Eng, 2013, 31 (4): 1011-1025.

[104] 潘丽军, 陈锦权. 实验设计与数据处理 [M]. 南京: 东南大学出版社, 2008.

[105] 范晓刚. 急倾斜下保护层开采保护范围及影响因素研究 [D]. 重庆: 重庆大学, 2010.

[106] 张拥军, 于广明, 路世豹, 等. 近距离上保护层开采瓦斯运移规律数值分析 [J]. 岩土力学, 2010, 31 (s1): 398-404.

[107] 王伟, 程远平, 袁亮, 等. 深部近距离上保护层底板裂隙演化及卸压瓦斯抽采时效性 [J]. 煤炭学报, 2016, 41 (1): 138-148.

[108] 程敬丽, 郑敏, 楼建晴. 常见的试验优化设计方法对比 [J]. 实验室研究与探索, 2012, 31 (7): 7-11.

[109] CC, PT, JFJ. NIST/SEMATECHe handbook of statistical methods [J]. NIST/SEMATECH, 2006.

[110] EH. Practical Rock Engineering [M]. London: Institution of Mining, Metallurgy, 2007.

[111] 朱术云, 曹丁涛, 周海洋, 等. 采动底板岩性及组合结构对破坏深度的制约作用 [J]. 采矿与安全工程学报, 2014, 32 (1): 90-96.

[112] 张少龙, 李树刚, 宁建民, 等. 开采不同厚度上保护层对下伏煤层卸压瓦斯渗流特性的影响 [J]. 辽宁工程技术大学学报 (自然科学版), 2013, 32 (5): 587-591.

[113] 杨威. 煤层采场力学行为演化特征及瓦斯治理技术研究 [D]. 徐州: 中国矿业大学, 2013.

[114] 雷文杰, 汪国华, 薛晓晓. 有限元强度折减法在煤层底板破坏中的应用 [J]. 岩土力学, 2011, 32 (1): 299-303.

[115] 左保成, 陈从新, 刘才华, 等. 相似材料试验研究 [J]. 岩土力学, 2004, 25 (11): 1806-1808.

[116] 薛东杰, 周宏伟, 唐咸力, 等. 采动煤岩体瓦斯渗透率分布规律与演化过程 [J]. 煤炭学报, 2013, 38 (6): 930-935.

[117] 陈从新, 黄平路, 卢增木. 岩层倾角影响顺层岩石边坡稳定性的模型试验研究 [J]. 岩土力学, 2007, 28 (3): 476-481.

[118] 王怀文, 亢一澜, 谢和平. 数字散斑相关方法与应用研究进展 [J]. 力学进展, 2005, 35 (2): 195-203.

[119] 李元海, 靖洪文, 曾庆有. 岩土工程数字照相量测软件系统研发与应用 [J]. 岩石力学与工程学报, 2006, 25 (s2): 3859-3866.

[120] 赵健. 数字散斑相关方法及其在工程测试中的应用研究 [D]. 北京: 北京林业大学, 2014.

[121] CHU T C, RANSON W F, SUTTON M A. Applications of digital-image-correlation techniques to experimental mechanics [J]. Experimental Mechanics, 1985, 25 (3): 232-244.

[122] MUDASSAR A A, BUTT S. Improved digital image correlation method [J]. Optics and Lasers in Engineering, 2016, 87 (Supplement C): 156-167.

[123] PU H, MIAO X X, YAO B H, et al. Structural motion of water-resisting key strata lying on overburden [J/OL]. Journal of China University of Mining and Technology, 2008, 18 (3): 353-357.

[124] 王勖成. 有限单元法 [M]. 北京：清华大学出版社，2003.

[125] 杜计平，汪理全. 煤矿特殊开采方法 [M]. 徐州：中国矿业大学出版社，2003.

[126] 钱鸣高，缪协兴，许家林. 岩层控制中的关键层理论研究 [J]. 煤炭学报，1996，21 (3)：225-230.

[127] 吴仁伦. 关键层对煤层群开采瓦斯卸压运移"三带"范围的影响 [J]. 煤炭学报，2013，38 (6)：924-929.

[128] 王志强，李鹏飞，王磊，等. 再论采场"三带"的划分方法及工程应用 [J]. 煤炭学报，2013，38 (s2)：287-293.

[129] 许家林，王晓振，刘文涛，等. 覆岩主关键层位置对导水裂隙带高度的影响 [J]. 岩石力学与工程学报，2009，28 (2)：380-385.

[130] 许家林，朱卫兵，王晓振. 基于关键层位置的导水裂隙带高度预计方法 [J]. 煤炭学报，2012，37 (5)：762-769.

[131] 冯国瑞，任亚峰，王鲜霞，等. 采空区上覆煤层开采层间岩层移动变形实验研究 [J]. 采矿与安全工程学报，2011，28 (3)：430-435.

[132] BROWN J, ROBERTSON B, MCDONALD T. Spatially balanced sampling: Application to environmental surveys [J]. Procedia Environmental Sciences, 2015, 27: 6-9.

[133] BRUS D. Balanced sampling: A versatile sampling approach for statistical soil surveys [J]. Geoderma, 2015, 253-254: 111-121.

[134] SCHMIDT K, BEHRENS T, DAUMANN J, et al. A comparison of calibration sampling schemes at the field scale [J]. Geoderma, 2014, 232-234: 243-256.

[135] GOODCHILD M. First Law of Geography [G/OL] //International Encyclopedia of Human Geography. by KITCHIN R, THRIFT N. Oxford: Elsevier, 2009: 179-182.

[136] 靳国栋，刘衍聪，牛文杰. 距离加权反比插值法和克里金插值法的比较 [J]. 长春工业大学学报 (自然科学版)，2003，24 (3)：53-57.

[137] GLATZER E, MULLER W G. Residual diagnostics for variogram fitting [J]. English. Computers and Geosciences, 2004, 30 (8): 859-866.

[138] BIVAND R S, PEBESMA E J, GóMEZ-RUBIO V. Applied Spatial Data Analysis with R [M]. [S.l.]: SPRINGER, 2008.

[139] WANG J F, STEIN A, GAO B B, et al. A review of spatial sampling [J]. Spatial Statistics, 2012, 2: 1-14.

[140] VALLEJOS R, OSORIO F. Effective sample size of spatial process models [J]. Spatial Statistics, 2014, 9: 66-92.

[141] HENGL T. A Practical Guide to Geostatistical Mapping [M]. 2009.

[142] 胡国忠，王宏图，范晓刚. 邻近层瓦斯越流规律及其卸压保护范围 [J]. 煤炭学报，2010，10：1654-1659.

[143] VENABLES W N, RIPLEY B D. Modern Applied Statistics with S [M]. Fourth. New York: Springer, 2002.

[144] 刘彦青，宇星，杨元强，等. 厚煤层煤巷掘进过程中煤壁瓦斯涌出规律研究 [J]. 煤炭技术，2014，6：102-104.

［145］国家安全生产监督管理总局. 矿井瓦斯涌出量预测方法［S］.

［146］LIU J, CHEN Z, ELSWORTH D, et al. Interactions of multiple processes during CBM extraction: A critical review［J］. International Journal of Coal Geology, 2011, 87（3/4）: 175-189.

［147］孔祥言. 高等渗流力学［M］. 合肥: 中国科学技术大学出版社, 2010.

［148］李志强, 鲜学福, 姜永东, 等. 地球物理场中煤层气渗流控制方程及其数值解［J］. 岩石力学与工程学报, 2009, 28（s1）: 3226-3233.

［149］SHIJQ, PANZ, DURUCANS. Analytical models for coal permeability changes during coalbed methane recovery: Model comparison and performance evaluation［J］. International Journal of CoalGeology, 2014, 136: 17-24.

［150］赵阳升, 胡耀青. 孔隙瓦斯作用下煤体有效应力规律的实验研究［J］. 岩土工程学报, 1995, 17（3）: 26-31.

［151］李红. 数值分析［M］. 武汉: 华中科技大学出版社, 2010.

［152］吴冬梅, 程远平, 安丰华. 由残存瓦斯量确定煤层瓦斯压力及含量的方法［J］. 采矿与安全工程学报, 2011, 28（2）: 315-318.

［153］国家安全生产监督管理总局. 煤矿安全规程［S］. 2016.